NATIONAL
GEOGRAPHIC

U0155726

国家地理
终极观星指南

［美］安德鲁·法泽卡斯 著
（Andrew Fazekas）

胡方浩　王科超 译
符　磊　陈　维

江苏凤凰科学技术出版社·南京

NATIONAL GEOGRAPHIC and Yellow Border Design are trademarks of the
National Geographic Society, used under license.

江苏省版权局著作权合同登记 图字：10-2021-9

图书在版编目（C I P）数据

国家地理终极观星指南 / (美) 安德鲁·法泽卡斯著；
胡方浩等译. — 南京：江苏凤凰科学技术出版社，
2024.3 (2025.1 重印)
ISBN 978-7-5713-4058-2

Ⅰ.①国… Ⅱ.①安…②胡… Ⅲ.①天文观测－指
南 Ⅳ.① P12-62

中国国家版本馆 CIP 数据核字 (2023) 第 255534 号

国家地理终极观星指南

著　　　者	[美] 安德鲁·法泽卡斯（Andrew Fazekas）	
译　　　者	胡方浩　王科超　符　磊　陈　维	
责 任 编 辑	沙玲玲　杨嘉庚	
助 理 编 辑	赵莹莹	
责 任 校 对	仲　敏	
责 任 监 制	刘文洋	
出 版 发 行	江苏凤凰科学技术出版社	
出版社地址	南京市湖南路 1 号 A 楼，邮编：210009	
出版社网址	http://www.pspress.cn	
印　　　刷	南京新世纪联盟印务有限公司	
开　　　本	889 mm × 1 194 mm　1/32	
印　　　张	8.75	
字　　　数	300 000	
版　　　次	2024 年 3 月第 1 版	
印　　　次	2025 年 1 月第 5 次印刷	
标 准 书 号	ISBN 978-7-5713-4058-2	
定　　　价	68.00 元	

图书如有印装质量问题，可随时向我社印务部调换。

BACKYARD
GUIDE TO THE
NIGHT
SKY

在亚利桑那州南部的风琴管仙人掌国家
纪念区，银河在空中划出一道弧线

超新星残留的帷幕星云

目 录

关于本书

这本新版《国家地理终极观星指南》共10章，为想要探索天文学的你提供了充分的指导信息。本书从观星的基础展开，带你从太阳系内部开始遨游，访问我们的行星邻居，探访深空中的黑洞和超新星。本书介绍了58个北半球可以观测到的重要的星座，其中不仅包括构成经典形状的主要恒星，还有相关的星系和其他深空天体，带你以全新的视角认识夜空。

在本书中，你不仅能收获观星的实用指南，还能看到多种多样的相关资讯，包括最新的太空探索任务、关于典型天体的前沿理论和认知历程等。书中还有很多有趣的知识，能丰富你学习观星的体验，如天文学的历史、星座的传说以及历史中重要观星人的介绍。在每章的最后，对应的专题策划会给你带来一些实用的观星技巧和建议，比如如何挑选双筒望远镜和在夜空中拍摄天文奇观。

延伸阅读

这些模块里的内容包括有趣的科学现象、简短的历史故事以及奇妙的天体。

边栏

本书设有三种边栏："星空守望者"讲述了知名天文学家和科学家的故事，"故事"主要收录和夜空有关的传说和故事，"科学"则解释了夜

基本信息

星图

空中的现象和观测方法的科学原理。

基本信息

这里列出了天体的基本信息，如星座组成、最佳观测时间、位置等，便于快速查找。

星图

本书的第十章介绍了58个星座，每个星座都配有对应的星图以及神话传说中的艺术形象。星图中标明了星座的形状、肉眼可见的主要恒星、需要借助望远镜观测的深空天体以及周围的星座。

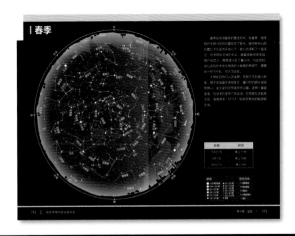

四季的全星图

本书包含四季的全星图，呈现了不同季节的迷人夜空。同时，本书还介绍了各个季节观测时主要用到的星桥以及方位，帮助你在夜空中寻找暗淡的星座和深空的天体。

在远离灯光的山谷里，
星空熠熠生辉

第一章

发现星空

走入黑暗

一颗被气体和尘埃包裹的新恒星

夜空闪烁着美丽的光芒，这是人类娱乐和求知的最早来源之一。漫天的星斗、绚烂的极光和耀眼的彗星一直深深地吸引着人类。星星给早期人类提供了很多重要的信息，提醒他们何时播种和收割庄稼，帮助他们在海上航行时不会迷失方向。

无论你是生活在光污染严重的市区，还是身处一片漆黑的乡村，仰望夜空都是一项可以轻松上手的爱好。即使对初学者来说，天文学也会让人上瘾，这是一个业余爱好者也可以作出贡献甚至有所发现的科学领域。

当然，学会探索星空并发掘隐藏的宝藏需要付出时间和耐心，还需要投资观测设备，比如高倍的双筒望远镜或天文望远镜等。拥有了基本的天文知识和观测设备，观星者便能探索宇宙的奇迹。然而，即便你拥有带计算跟踪系统的望远镜和摄影配件，甚至是一个后院天文台，天空仍充满诸多限制。这些话题暂且不谈，让我们先从基础开始。

延伸阅读

利用现代技术，观星者们曾在家发现了彗星、小行星和正在爆炸的恒星。至于遥远的黑洞、太阳系外行星（简称系外行星）等奇异天体，则需要我们通过数字成像设备和程控望远镜，以及与专业科学家在线合作的方式来搜寻。

探索宇宙

想象一下，你在某个晴朗的夜晚仰望天空，看到流星接二连三划过天际，或者借助望远镜，观察木星的众多卫星或明亮的土星环。如果你知道如何以及在何处寻找星星，就会发现夜空中无数有趣的东西。无论你是在市区的屋顶，还是在郊区后院的躺椅上，或者在远离城市灯光的露营地，都可以免费欣赏夜空，这个爱好永远不会失去它的魅力。

无论是在白天还是黑夜，我们都能透过大气看到许多天体，其中有些天体尤为明亮。白天，你能看到太阳（甚至还有月亮）在天空中缓慢移动。夜幕降临后，更多遥远的星星开始闪耀。这些星星中，大多数天体与我们的太阳同为恒星，但它们离我们太远，看起来只是小光点。有少数星星不是恒星，而是邻近的行星。资深的天文爱好者仅凭肉眼就能识别一些离得很近的行星，比如温度很高的金星、沙漠化的火星、巨大的木星和光环环绕的土星。你甚至可以看到这些行星间划过的古老碎片，比如彗星或流星，它们上演着引人注目的天空"烟花秀"。

将目光投到太阳系之外，我们会发现一个巨大的恒星岛屿在夜空中伸展，那就是银河系。这个巨大的风车状岛屿是超过2 000亿颗恒星的家园，太阳系也身处其中。如果能利用地球上和太空中强大的望远镜，无论向哪个方向看，都能看到数十亿个散布在宇宙深处的其他星系。

探索宇宙只需要走到户外，看向开阔的天空。肉眼是观星最重要的工具，聚焦于容易发现的目标是我们观测的基础。作为一个观星新手，你的任务包括观察月相，追踪恒星和行星数周或数月的运动，并学会辨认每个季节里最亮的几个星座。这可能看起来很简单，但它们会让你学到很多。这样的观察将告诉你天体的运行规律，让你学会欣赏后续的更模糊、更遥远的奇观。

夜视的科学

20世纪的天文学家克莱德·汤博是冥王星的发现者。每次观星之前，他都会在黑暗中坐1小时，让眼睛适应黑暗。人在黑暗中，瞳孔会扩大，让更多的光线进入。在弱光或无光的条件下，视网膜外围最敏感的感光细胞，即视杆细胞，可以最大限度地激活。如果不能像汤博那样有1小时的准备时间，那么即使只在黑暗中待上15～20分钟也会有所帮助。你还可以使用"眼角余光法"来观察非常暗淡的天体。无论是星云中的气体丝状结构还是星系的旋臂，通过你眼角的余光去看都能够辨别出更多的细节。

认识银河系

银河系是一个旋涡星系，它拥有数条优美的旋臂，中间有一个穿越银心的明亮棒状结构，银心中央隐藏着一个质量为太阳400万倍的黑洞。对银河系内的行星而言，孕育生命的前提是避开一些灾难性事件的威胁，如近距离超新星爆发、伽马射线爆发和活跃的黑洞。此外，它们也不能落在拥挤的星团之中，以免与其他天体相互碰撞。幸运的是，地球是一片适合生命繁衍的理想之地。

太阳能够保护我们免受星系碎片的伤害

　　太阳将它的行星包裹在带电粒子形成的一个"气泡"中，这个"气泡"能够抵御来自星际空间的危险辐射和有害物质。

避风港

　　银河系的旋臂中并不那么适合居住，这里有放射性云、恒星形成的活跃区，以及来自垂死恒星的爆炸冲击波。我们的太阳系坐落在两条主要旋臂间的一个安全港湾里。

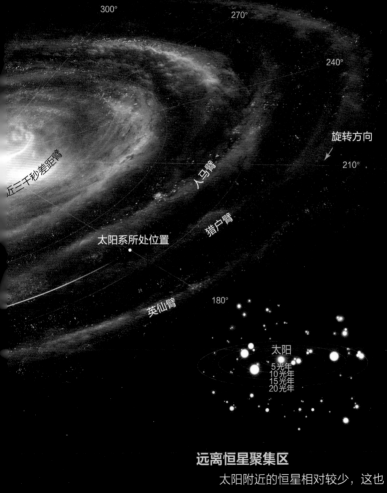

300°

270°

240°

旋转方向

210°

近三千秒差距臂

人马臂

猎户臂

太阳系所处位置

英仙臂

180°

太阳

5光年
10光年
15光年
20光年

远离恒星聚集区

　　太阳附近的恒星相对较少，这也降低了地球遭受引力拖曳、伽马射线爆发或超新星爆发的风险。

锁定方位

太阳、金星、月球和木星的多重曝光照片

在地球上的观星者眼中，不管其身处何地，所有天体似乎都从东边升起，以巨大的弧形划过天空，最后在西边落下。地球每24小时自转一周造就了这种周日运动，也让我们感受到昼夜更替。在白天的时候，尽管星星被日光所掩盖，但它们依旧围绕着天极旋转。观星最重要的一步是理解天球的概念。

天球

尽管我们现在都明白地球并非宇宙的中心，但星图仍将地球作为天球的中心。先想象地球被一个半径无限大的球体所包裹，这个球体称作天球。天球的赤道（天赤道）与地球的赤道平行，从地球的南北两极延伸出去的线穿过南北天极。再想象所有的恒星都附着在这个球体上。当天球旋转时，恒星将围绕天极旋转。地球自西向东自转，所以天球上的所有星星看起来都是自东向西运动。

从地球观测者的角度来看，天球的一半始终在视野

延伸阅读

由于同时受到太阳和月球的牵引，地球在自转时会有轻微的摆动，这种现象称作岁差。不过它对天球坐标的影响非常小，后院观星时不需要考虑这种岁差影响。

中，就像头顶上的一个中空穹顶。如果你身处北极，那么你将无法看到天赤道以南的星星，因为地球会挡住你的视线，你只能看到地平线之上的天空。不过随着你往南走，越来越多的南半球天空中的星星将进入视野。因此，知道你所在位置的大致纬度和星图的参考纬度是非常重要的。这本书中的星图是以北纬40度附近的观测者视角绘制的，北纬40度附近的地方有北京、纽约和罗马等。

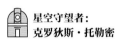

坐标

　　我们用经纬度来描述地理位置，同样，我们也可以通过天球坐标系来表示天体在天空中的投影位置。天球的坐标网格图可以让观星者识别天空中任何一个点的位置。赤纬与地球纬度类似，是纬度在天球上的投影，表示天体在天赤道上方或下方的相对位置。赤纬的单位是度、角分、角秒。天赤道的赤纬为0度，两极则为90度。北天半球的赤纬为正数（＋），南天半球的赤纬为负数（－）。

　　赤经类似于地球经度，其单位是时、分和秒。地球上的一天可分为24小时，赤经也可分为24小时，划分的起点是太阳通过天赤道的位置（春分点），其所在的经线就是"0小时"。24小时等于360度，也就是1小时代表天空中15度。例如，北极星的赤纬为+89度15角分，赤经为2小时31分。

星空守望者：
克罗狄斯·托勒密

和许多早期的思想家一样，公元2世纪的古希腊天文学家克罗狄斯·托勒密被月球、太阳和其他天体表面上的运动规律所迷惑，认为地球是宇宙的中心。他构建的"地心说"宇宙模型能够较为精确地解释各种天体的运动。在这个模型中，每个天体都在一个称作"本轮"的小轨道上做圆周运动，"本轮"的中心又沿着一个称作"均轮"的大轨道做圆周运动。他还假设地球的自转轴存在小幅倾斜，哪怕如今我们已经知道地球是围绕太阳运动的，这一推论也仍然成立。

黄道

太阳是天球上的天体之一，它在天球上似乎有着独特的运行轨迹。这条轨迹实际上反映了地球围绕太阳运行的路径，我们称之为黄道。黄道在很大程度上决定了地球上的观测者所能看到的天体。白天时，各种天体也会通过天顶，但由于太阳过于明亮，仅凭肉眼我们很难观察到它们，只有在日出和日落时分可以看到零星的几颗。

黄道带

黄道带是天球上以黄道为中心线的一个环带状区域，包括地球在内，太阳系所有行星的视运动轨迹都位于这个环带内。在太阳诞生之初，一团尘埃和气体绕着太阳形成旋涡，它们在这个巨大的扁平圆盘中沿同一个方向旋转，圆盘中的物质逐渐聚集，最终成为行星。从我们的视角

延伸阅读

观察太阳和星星的视运动是人类用来判断时间的最早方式之一。太阳的东升西落让人感受到一天的变化，北半球夜空中的小北斗七星绕北极星旋转的运动也起着类似的作用。

金星

轩辕十四 ○ 月亮
（狮子座α）

火星
水星

一颗明亮的恒星、几颗行星以及月亮
在黄道上大致排成一列

"白夜"时，太阳低垂

看，黄道带就像一条行星的高速公路，又像天空中的一条带子。有些行星由于自身轨道的倾斜，会略低于或略高于黄道所在的平面，但它们始终还是在黄道附近。

地球上的一天

　　时间本身就是一个天文概念。从严格意义上来讲，地球上的"一天"是指地球绕轴自转一周所需要的时间。若以太阳为指示物，"一天"是指太阳连续两次经过同一经线的时间间隔，称为一个太阳日。由于地球的轨道速度在一年中有所变化，所以24小时实际上是一个平均值，被称为平太阳日。

　　若以遥远的恒星为参照物，地球相对于它自转一周所需要的时间被称为恒星日，一个恒星日大约是23小时56分。换句话说，用一块标准的地球腕表来测量，如果某颗星星在某天晚上9点经过某一条经线，那么它会在第二天晚上8点56分左右再次回到那里。之所以存在这种情况，是因为我们相对于太阳的位置每天都会变化，尽管变化不大，但与太阳和遥远恒星间的位置变化相比要大得多。地球在自转时，也在绕太阳公转，所以地球每次需要多转大约4分钟，太阳才会经过同一参考点。

"白夜"的科学

俄罗斯的圣彼得堡可能会让人联想到寒冷阴沉的沉闷景象，但在每年6月初到7月初的夏至前后，这座城市都会庆祝"白夜节"。在这段时间里，几乎全天都是白天。圣彼得堡位于北纬60度左右，所以仲夏时节的日照时间很长。正因如此，太阳只会下降到地平线之下几度的位置，天空看起来像是黄昏时分的样子，直到第二天太阳再次升起。而在北极点，太阳从春分时升起，一直到秋分这天才会落下。

改变视角

识别较亮的星星和星座并观察它们在天空中的位置变化，可以让天文爱好者清楚地感受到季节的更替。观星者的位置也是影响特定星体是否可见的变量。

春去秋来，斗转星移

我们看到的天象随着夜晚的流逝和季节的更迭而变化。在地球绕太阳公转的365天中，地球的黑夜面对应的星座也在不断变化，每一次夜幕降临都会给天球带来略微不同的一片区域。如果一颗星星在6月会被正午的阳光掩盖，那么等到12月，地球到了公转轨道的另一侧时，它就会在夜空中出现。考虑到这种变化，星图通常是分月或分季节绘制的，并着重呈现最具观赏性的星座。

你如果在每天晚上的同一时刻观察星空，就会看到新

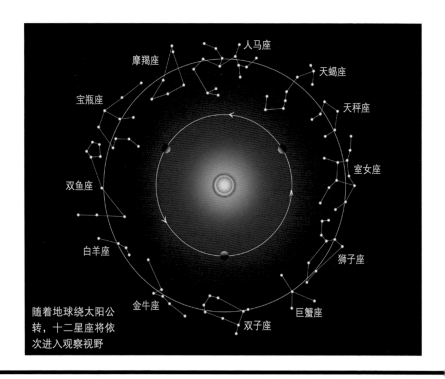

随着地球绕太阳公转，十二星座将依次进入观察视野

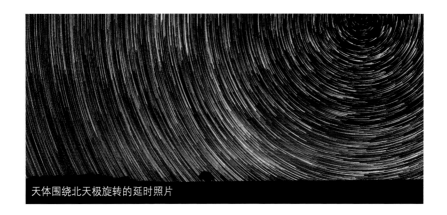
天体围绕北天极旋转的延时照片

的星座出现又消失。对于北半球的观星者来说，猎户座于11月在东方出现，逐渐升至南部的夜空；1月，它开始向西移动；而到了4月，它只在黄昏时分出现在西方的天空。所以，天文爱好者可以通过观察黎明前的天空，提前窥见即将在夜晚占据主导地位的星座。

变化的视野

在不同的纬度，北天极位于地平线上的高度不同。如果你进入南半球，北天极将从你的视野中完全消失。而如果你站在北极，此时北天极位于你头顶正上方（90度）的天球点，星星似乎都在围绕北天极逆时针运动。

再往南一点，在北京、纽约、罗马和东京等北半球中纬度地区，大多数星星会在黄昏时从东方升起，黎明时从西方落下。而像小熊座和仙后座这样的星座似乎永远不会落到地平线之下，而是围绕着北天极每天转一周，被称为拱极星座。南天极附近的星星对北半球的观星者来说是看不见的，因为它们并不会升到地平线以上。若站在赤道上观察，两个天极就会正好位于南北方的地平线（0度）上，在这里，所有星星看起来都会从东方升起，穿越整片夜空，然后在西方落下。

延伸阅读

从有可考证的历史以来，人们就会用假想的线条将星星连起来，形成我们熟悉的点-线状星图。然而，星星实际上并不处于一个像天球一样的固定平面上，有的离我们很远，有的则稍近。相对于宇宙漫长的时间而言，这些图案是转瞬即逝的。在10万年后，狮子座和北斗七星中的天体位置跟现在比会有很大的差别，组成的图形也会跟我们熟悉的星图相去甚远。

测量天空

在夜空中确定位置一开始可能有点困难，就像你在陌生的国家或城市浏览他们的地图一样。

举起拳头

天体的视大小和它们之间的距离通常用角度（单位为度、角分、角秒）来衡量。例如，地平线到你头顶正上方的天球点之间的距离是90度。但是，要如何将这些测量值从手持星图上对应到天空中呢？一个简单的窍门是伸直手臂，望向你的手（如下图所示），就可以粗略测量天空中的角度，这里我们用北斗七星作为示例。

将手掌展开，此时从你的大拇指指尖到小指指尖的跨度约为25度，这约等于北斗七星勺柄上最后一颗星星与勺口最后一颗星星之间的距离。你的拳头跨度约为10度，与北斗七星的勺的宽度相当。你的中间三根手指的宽度大约为5度，和北斗七星上勺子的高度差不多。你的大拇指宽度约为2度，小拇指的宽度约为1度。手指可以很轻松地遮住视野中的太阳或月亮。我们知道，太阳的直径大约是月球直径的400倍，但月球更近，所以对地球上的观星者来说，太阳和月亮有相同的"视大小"。

找寻方位

本书第十章星图上的星座都是用这种方式来测量的。

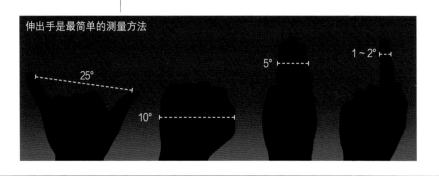

伸出手是最简单的测量方法

25°

10°

5°

1~2°

例如，飞马座的大小大概是两只手并排张开的宽度，而较小的小狮座大约有一个拳头那么大。有经验的观星者都知道，猎户座的"腰带"宽约3度，而双子座的双子星（北河三和北河二）相距4度。

这种角度测量的方法同样可以用来测定观星者自己所处的纬度，从而确定观星者在天球上的相对位置。先在夜空中找到北极星，然后伸直手臂来测量北极星到地平线的距离，这个角度就是你所处的纬度。

最小测量单位

一段距离可以用更小的单位——角分和角秒来描述。1度等于60角分，1角分等于60角秒。从地球上来看，1角秒约为月球直径的1/1 800。星星在天空中的相对位置看起来是固定的，实际上它们是不停运动的。这种运动称为自行，是指在一定时间内，天体沿垂直于观星者视线方向所走过的距离，同样可以用角秒为单位。例如，巴纳德星的自行运动速度是约10角秒每年，所以它在180年间移动的距离相当于月亮的宽度。

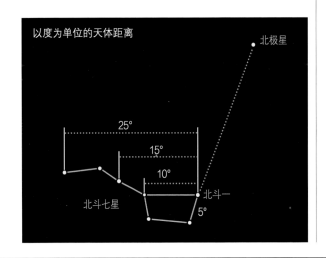

以度为单位的天体距离

北极星

25°

15°

10°

北斗一

5°

北斗七星

星星的名字和亮度

1708 年绘制的北天星图

延伸阅读

曾经有公司将恒星的命名权作为商品进行出售。国际天文学联合会对此不予认可，并表示："就像真爱和生命中许多美好的事物一样，夜空之美是不能用金钱来衡量的。"

在不同的文化背景和情境下，同一颗星星可能会有不同的名字。波利尼西亚人有独特的星星的命名方式和传说，美洲原住民、古希腊和古阿拉伯的天文学家也为我们留下了许多今天仍在使用的名字。天文爱好者需要面对大量的星星名称。其中不光有流传下来的几百个名字，以及在望远镜出现后被观测到的数以千记星星，还有人类进入太空后，根据科学规范命名的数以百万计的天体。

命名天体和星座

为了能够精确地指代某个天体，国际天文学联合会将天体归为几个大类，并建立了各自的命名规则，将天体的名称规定为由字母和数字组成的编码，而不是像"织女星"这种优雅的名字。但天文爱好者只需要熟悉常见的名字和一些现代命名的规范即可。

延伸阅读

位于地球轨道上的哈勃空间望远镜能够拍摄亮度30等的天体，这些天体的亮度是肉眼所能看到的最暗淡的天体的20亿分之一。

许多文明都发现了相同的星星分布模式，并赋予了它们不同的名字和神话传说。在西方，黄道带中的12个主要星座和其他36个星座已流传了多个世纪，并被古希腊天文学家托勒密编入其所著的《天文学大成》一书中。

近百年来，几百颗明亮的恒星获得了正式的名称，其中很多沿用了古阿拉伯天文学家的叫法，如Acamar（天园六）和Zuben Eschamali（氐宿四）。有时候还会根据这些恒星在星座中的相对亮度对其命名。例如，参宿四（英文名为Betelgeuse，在阿拉伯语中的意思是"巨人的肩膀"）也被称为猎户座 α，表示它是猎户座中最亮的恒星。

恒星的亮度

凝望夜空，你会发现星星的亮度不尽相同。早在2 000多年前，古希腊天文学家喜帕恰斯编写了第一本星表，其中按照观星者看到的恒星亮度，将恒星划分成了6个星等，也就是视星等，恒星亮度越强，其星等的数值就越小。当时的天文学家将最亮的恒星归为1等星，次亮恒星归为2等星，依此类推。这一分类系统也存在一些缺陷，比如没有考虑更亮的恒星，如天狼星和太阳，也没有考虑金星和木星等行星以及月亮。所以按照现今的标准，这些天体的星等都为负数。通过望远镜才能看到的暗淡天体也适用于这一分类系统。在星图中，不同星等的恒星用不同大小的点表示，恒星越暗，代表它的点就越小，而对于同一星等的恒星之间更细微的亮度差异，则并不用点的大小来做进一步的区分。

视力极限

在晴朗无月的夜晚，城市里的观星者可以看到4等左右的星星。在远离城市灯光的黑暗地方，肉眼可以看到6等星。在借助双筒望远镜的情况下，观星者可以观测到暗淡的8等或9等星，而凭借小型天文望远镜则可以观测到12等星。一颗星星的目视亮度取决于它的大小和与我们的距离。大恒星本身比小恒星燃烧得更剧烈，而对于同等亮度的恒星，越靠近地球看起来就越亮。

城市观星

在城市里，遮挡地平线的高楼和严重的光污染让观星的难度直线上升。虽然看不到深空中的暗淡天体和地平线附近的彗星和恒星，不过，对新手来说，城市观星仍有许多值得学习和探索的地方。

城市天文学

太阳和月亮是天空中最好观察的两个天体，就算住在城市里，还是可以观察它们的运行规律。深入观察这两个天体，就可以让你对太阳系建立初步的了解。月亮离我们最近，而且巨大又明亮，受光污染的影响有限，因此月球表面的地形、月相和月食都可以是我们研究的对象。除此之外，金星的亮度很强，最亮时可达 -4.6 等，木星和火星的亮度分别为 -2.9 等和 -2.8 等，在城市里也可以顺利地找到这几颗行星。水星虽然很亮，但是因为它的公转轨

从市中心、郊区、乡间和山顶天文台
看到的同一片天空

道离太阳很近，所以很难观察到它。土星的亮度约为0.7等，在比较明亮的时候，可以用肉眼看到。

在城市的夜空里，还可以观察16颗亮度小于1等的恒星。当你用望远镜来观察天空中更暗的区域时，它们可以用作星桥法的参照。即使在城市里，只要你能找到合适的位置，使用双筒望远镜或天文望远镜也能看到成千上万颗星星。

光污染

在农村地区，我们凭肉眼最多可以看到多达2 000颗星星。然而，如果在夜间从飞机上向下望去，会看到城市和乡镇中心都是耀眼的灯光。因此，在这些地方很难找到适合观星的位置。人类导致的光污染无处不在，从高速公路的路灯，到停车场和购物中心不断闪耀的广告灯箱，这些都减少了可见星星的数量。光污染会使人眼的视觉容量减少为原来的1/40，可见星星的星等从6等降到2等。

我们有很多方法可以对抗光污染。简而言之，尽可能避开所有的光源。如果是在自家后院观星，先关掉门廊和室内的灯，可以的话，也请邻居们照做。附近的公园也是一个合适的备选。在城市里观星时，观测对象的选择也有讲究，城市的光污染大多来自地平线附近，而头顶上方的天空受光污染影响更小，这里的天体更容易被发现。

黑暗天空保护

城市的大部分灯光都被浪费了，一部分被无用地射向天空，也有一部分被投向了并不需要照明的地方。定向照明的灯具可以用更低的功率达到同样的照明效果。有些环保团体在争取相关照明条例的出台，不仅能够降低能耗，还可以保护纯净的夜空，以及减少光污染对夜间迁徙的鸟类造成的影响。

延伸阅读

在城市里观星时，可以通过关掉尽可能多的灯来改善视野，尽量避开没有遮挡的路灯或照明系统，还可以在头上罩一块黑布，这样能有效地阻挡光线。为了让眼睛适应黑暗，你至少要在黑暗中待15分钟。查阅星图（如本书第10章）时，如果需要用手电筒，可以在手电筒上包一层红色的玻璃纸，或者直接使用有红色滤光片的手电筒。红色（尤其是暗红色）的灯光对夜视的影响远小于白光。

观星工具

具有红色镀膜的双筒望远镜

在使用双筒望远镜或天文望远镜观星之前，有必要通过肉眼观察夜空并熟悉主要的星座。肉眼观星时，视野大，可以看到整个天空，而使用望远镜时，视野就要小得多，在天空中定位也更有挑战性。大多数双筒望远镜的视野只相当于10个满月的宽度，而天文望远镜只能提供1个满月大小的视野。

双筒望远镜

双筒望远镜是一类重要的观星工具。它们的视野介于肉眼和天文望远镜之间，非常便携，价格适中。借助双筒望远镜，你可以观测到月亮上的数十个环形山、数百个星团，甚至木星最大的四个卫星的壮丽景色。银河系的模糊区域中分布着无数的恒星，在双筒望远镜中，这一区域的颜色和结构也变得清晰起来。双筒望远镜的核心参数包括光学质量、放大倍率和聚光能力。7×50的双筒望远镜很适合普通观星者使用。其中，第一个数值指的是放大倍率，第二个数值是指物镜的直径，以毫米为单位。放大倍率越高，对物体的放大能力就越强，但同时也会放大手持的晃动。

延伸阅读

尽管双筒望远镜的观测对象有限，但也能够大大丰富你的视野，你可以看到：

• 彗星
• 月球上的大型环形山
• 木星的四大卫星
• 水星、天王星和海王星
• 银河附近的星系
• 仙女星系和风车星系

天文望远镜

在你对星空逐渐熟悉之后，天文望远镜能够把美丽的天空更加完整地展现在你面前。天文望远镜主要分为两种：基于透镜的折射望远镜和基于镜面的反射望远镜。在选购时，不要只追求最大的放大倍率，也不要选择商场里常见的望远镜，要把高质量的光学器件和稳定的支架作为主要考量。望远镜的主要结构最好是金属的或者木质的而不是塑料的，从而避免每次触碰瞄准镜时望远镜的抖动。请记住，目镜或物镜越大，成像也就越亮、越清晰。

软件

在过去的不到20年的时间里，技术快速发展，后院观星也随之经历了一场革命。现在的许多业余天文望远镜上已经预装了星象仪和自动跟踪程序以及天体的数据库，能够帮你找到并跟踪天体，数据库的规模从数千到数百万颗不等。你只需从列表中选择好观测对象，望远镜会自动找到它。

除此之外，在电脑、平板电脑和智能手机上，很多天文类应用能够显示数百万颗恒星和天体的真实照片，甚至可以引导观星者用肉眼看到特定的观测目标。

延伸阅读

大型的双筒望远镜会很重，很难长时间手持。如果想要保持稳定，可以把手臂支撑在某个固定的物体上，这样星星就不会像萤火虫一样跳动了！当然更好的办法是借助专用的连接件将双筒望远镜安装在摄影用的三脚架上，这种支架在大多数户外用品商店都能买到。这样可以让你观测到的图像清晰很多，从而能够轻松地观察到星团和双星。

平板电脑和智能手机
应用可以引导观星

与孩子一起观星

天空中充满了怪物和众神的神话，比如黄道十二宫的传说、行星的名字，以及与北极光等天象有关的故事。科幻小说也为我们的想象提供了更多的脚本：可能是友善的外星人造访地球，也可能是赫伯特·乔治·韦尔斯笔下火星人入侵的故事。

对孩子们来说，至少在最初，仰望星空可能并不是出于对科学的好奇，而是出于对自己在宇宙中的位置这一永恒之谜的关注，以及那些古老的神话故事。相比于寻找遥远暗淡的天体，粗略地认识整个夜空更能满足孩子的好奇心。

这项充满想象力的活动可以为全家出游带来许多美好的体验。不过，先别急着花大价钱购置器材，或是投入大量的时间和精力。大多数孩子长大后并不会成为天文学家，甚至不会把天文学当作一生的兴趣，但基本的观星知识和对夜空奇观的欣赏力将伴随他们一生，有些孩子可能会因为这个爱好走上理工科的道路，而这些并不需要昂贵的设备。

孩子眼中的星空

和孩子一起观星时，双筒望远镜是一个相对合适的选择。双筒望远镜无须安装，价格也不会太高，不像使用天文望远镜那样，担心孩子会不小

望远镜把深空的珍宝带到你眼前

心损坏设备。尽可能选择尺寸小、质量轻的双筒望远镜，这样孩子才拿得动。双筒望远镜的视野较广，可以看到更大范围的星空，比较适合孩子用来在星空中自由探索。家长也可以多配备一副双筒望远镜，这样就能随时和孩子分享观星的乐趣。

在使用望远镜观星时，要让孩子对观测对象的样子保有合理的预期。除了月亮、土星、木星以及几个特定的星团外，绝大多数天体在望远镜中的样子跟书上和网上的图片相去甚远。人类的视觉还不够敏锐，无法捕捉到星云的颜色，只能看见星云中细微的絮状和卷须状的结构。如果是跟年龄稍大的孩子一起观星，观测前最好先给孩子展示观测目标的照片，并讲清楚天体的名字、位置和观测的时间，这样可以让孩子在观察时对遥远的天体和奇幻的天文现象有更深刻的理解。

选择合适的时间

在计划亲子观星之旅时，要注意一下时间。夏天太阳下山晚，在孩子开始犯困之前，留给你的时间不多。所以最好在日落之前出发，并且对观测的目标和时间做好计划。如果时机合适，还可以和孩子比赛，看谁能先找到金星。冬天天黑得早，星象也跟夏天不同，但是孩子可能容易感冒，记得带上几件衣服和热水，让家长和孩子都能在舒适的状况下观星。

孩子更加认真地对待观星后，可以开始考虑购置一架天文望远镜，挑选时以容易使用且孩子能自己架设为原则，比如多布森反射式望远镜（见第136页）或是有自动跟踪系统的型号。

最后，务必要警告孩子，直视太阳会对视力造成永久性的伤害。对其他人也一样，观察太阳时，一定要借助专用的滤光片。

家庭观星项目指南

人造卫星
观测时间： 日落后到日出前，全年可见
观测目标： 看起来像星星一样，快速且匀速地划过天空（见第80页）

金星
观测时间： 查看天文年鉴和观星指南，确定金星的最佳观测时间是早晨还是晚上
观测目标： 一个稳定、明亮的天体，不会像恒星一样闪烁（见第94页）

北斗七星
观测时间： 全年
观测目标： 最容易辨认的星群（见第196页）

天狼星
观测时间： 1月/2月
观测目标： 夜空中最亮的恒星，属于大犬座（见第269页）

英仙座流星雨
观测时间： 7月/8月
观测目标： 辐射点在英仙座附近的明亮流星雨（见第133页）

从太空看地球大气的云层和
蓝色细线

第二章

大气

地球的肌肤

尽管太阳和其他恒星的光在抵达地球前，已经穿过了相当长的距离，但最后短短几十千米的路程却决定了地表观测到的景象。恒星的光芒在穿越了近乎真空的星际空间之后，只有小部分光线能够到达地球，还得穿过地球的大气。地球的大气由气体、液体和固体组成，有几百千米厚，然而约98%的大气质量聚集在离地表约32千米的范围内。从有文字记录以来，大气一直是人们观星时的一个大麻烦。

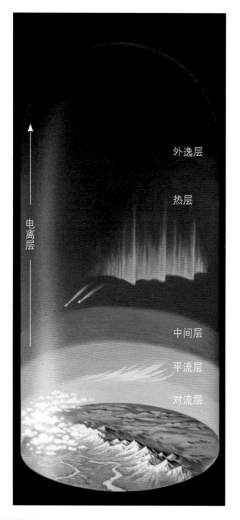

大气内侧分层

对流层位于大气的最底部，从地表向上伸展，顶面距离地表8～19千米不等，气象现象就"发生"在这一层，对能见度的影响最大。对流层中的云层系统可以遮蔽天空长达数天。在城市附近，空气中的灰尘和其他污染也会使得我们只能观察到最亮的那些天体。

对流层之上是平流层。平流层是高空臭氧的聚集地，能够阻挡大部分能量强度高、穿透力强的太阳紫外辐射。只有很少几种云彩会偶尔出现在平流层，其中包括一种细丝状的云，被称为珠母云。

大气外侧分层

中间层是距离地表50～85

气象现象发生在对流层

千米的区域，温度最低可达-100℃。这种温度下已经基本不会形成云，只有由冰晶构成的夜光云会出现在高纬度地区的黄昏和清晨时分。当流星进入地球大气后，会在这一层中被燃烧，看起来就像拖着火焰的星星。

热层是地球大气中厚度最大的一层，也是温度最高的一层。这里尽管气体稀薄，但由于吸收了大量的辐射，温度可以超过2 000℃。来自太阳的辐射使气体分子发生电离，也就形成了带电的电离层。电离层能够把地面发射的无线电波反射回地面，这对现代通信来说至关重要。国际空间站和低轨道卫星都在这一层运行，极光也出现在这里。热层是地球大气的终点，也是太空的真正起点。

最上层的外逸层几乎处于真空状态，从距离地表约600千米处向外延伸。

🔩 天文台选址的科学

1 000多年前，玛雅人会在埃尔·卡拉科尔的高台上观测天空。几个世纪后，天文学家仍在寻找最佳的观星地点。位于夏威夷冒纳凯阿火山顶峰的凯克天文台是全球最高的天文台之一，海拔4 145米，这里空气清洁、干燥，且光污染极少。

大气的分层

对流层
高度：0～19千米
特征：大气的底层，云层形成和天气发生的区域

平流层
高度：19～50千米
特征：吸收太阳紫外线辐射的臭氧就在这一层

中间层
高度：50～85千米
特征：
温度最低可达-100℃

热层
高度：85～600千米
特征：太阳辐射导致温度急剧上升，高达2 000℃

外逸层
高度：>600千米
特征：地球大气的最外层，主要成份是氢气和氦气

夜幕降临

新月期间，"地球之光"照亮整个月球

数千年来，太阳在天空中的运动令世界上最杰出的思想家们深深着迷，同时也困惑不已。黄昏时分是观察太阳、地球、月球和大气相互作用的绝佳时机。

暮光景象

当太阳西沉时，看向东方，你会发现地平线附近出现一片深蓝色的区域，这就是地球的影子。在群山环绕的地方，还可能出现"山峰影子"。随着地球自转，这个影子也会缓慢上升，直到消失在夜幕里。如果天气晴好，在这条影子的上方还可以看到粉红色的条带，被称为维纳斯带，这是阳光经由大气反射形成的。地球的反射光还能使新月看起来像满月一样。月亮会反射太阳的光，从而产生盈亏变化，同样，地球反射出的光也会照亮它。我们的地球被反射率更高的海洋和白云所覆盖，就像一个巨大的反射器，将阳光反射到月球表面上，照亮了月球原本暗处的部分。

在晴朗的黄昏，天色完全黑透之前，最好月亮还没

延伸阅读

阳光包含所有可见的颜色。我们平常看到的蓝色天空是瑞利散射和阳光照射角度共同作用的结果。在光谱中，蓝光更容易散射。在白天，阳光抵达我们的眼睛的路程较短，所以我们看到的是蓝色的天空。而在日落时，阳光要经过更厚的大气才会进入我们的眼睛，大部分蓝光在途中被散射掉了，所以我们才会看到日落时分鲜红的天空。

升起的时候，西方的天空上会呈现出一个微弱的三角形光锥，被称为黄道光。观测地点的纬度越低，越容易观察到这一现象。这道光从太阳落下的地方开始，沿着黄道方向延伸，也就是太阳和月亮运行的路径，同时也是黄道十二星座的大致路线。彗星和小行星会在轨道平面上留下尘埃，太阳光被这些尘埃反射，从而形成了黄道光。

清晰度和透明度

　　晴朗的夜空总会令人心生向往，但大气中的气体流动会影响我们对远处恒星的观测，让它们看起来像水里的倒影一样摇曳闪烁。星光穿过温度不同的空气层时，会向不同方向弯曲，导致我们观测时，看到的星星像是模糊的，这也叫作较低的"星象视宁度"。这种模糊的效果在使用双筒望远镜和天文望远镜时会被成倍放大。在地势平坦的地区，地表的空气能够沿着地面平稳地横向移动，大气对光线的弯曲效应也就会减弱。而在气候锋面经过后的几天里，空气的流动以混乱的湍流为主，使得视宁度降低。

　　与此同时，来自行星和遥远星系的细节可能会被污染和潮湿的空气所阻拦，使得大气的透明度或清晰度降低。随着海拔的上升，或者一场暴风雨过后，空气的透明度会有所提高。

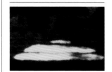

绿闪的科学

绿闪极其罕见，令人难忘，通常只出现在日落时分的海边。这时，大气就像一个棱镜，使太阳光发生折射和散射。日落时，红色、橙色和黄色等长波长的光因为弯折角度较小，所以率先消失。理论上，这时会依次出现绿色、蓝色和紫色的条带，不过因为短波长的光容易被大气散射，所以只有在天气晴朗、条件合适的日子里，太阳的顶部才会有一小片绿色的光，也只会出现在太阳沉入地平线的那几秒钟里。

在智利荒凉的阿塔卡马沙漠中，帕拉纳尔天文台能够拥有极其纯净的视野

光线的把戏

来自太阳的自然光也称为白光，其中包括人眼可以看到的所有颜色的光：红色、橙色、黄色、绿色、蓝色、靛蓝和紫色。当阳光照在玻璃棱镜上时，棱镜会折射出彩虹色的光束。同样地，阳光经过水滴的反射和折射后，就形成了天空中的彩虹。

白天的彩虹相当常见，但在晚上出现的彩虹却鲜为人知。阳光被月球的表面反射到地球，然后在经过大气中的水滴时发生折射，由此便会形成月虹，又叫黑夜彩虹。与白天的彩虹相比，月虹要暗淡得多。而在暴雨过后的夜间，如果恰逢明亮的满月，还有可能会出现双月虹。

"光柱"

在高纬度地区最冷的那几个月里，地面被大雪覆盖，风卷着雪尘在地面附近水平运动，在这种情况下，光源的上下方可能会形成柱状光束，被称为"光柱"。它们在太阳、月亮，甚至是路灯等人造光源周围形成，颜色与光源

反光云形成月晕

"光柱"出现在俄罗斯冰冷的大气中

相同，可以是红色、橙色、绿色和黄色。太阳"光柱"通常会在太阳接近地平线时出现。

光晕和幻日

　　高空卷云中的六角形冰晶会反射和折射阳光与月光，形成令人惊叹的光晕，被称为日晕或月晕。这种薄纱状的云彩完全由冰晶组成，形成于 5 千米之上的高空中，在地面上有时察觉不到它的存在。月光微弱，月晕也因此无法形成鲜亮的色彩；日晕则要绚烂得多，通常在光环的锐利内边缘呈现红色，而沿着更弥散的外边缘呈现蓝色。

　　幻日是指在太阳两侧出现的发光球体。它与日晕一样，也是由阳光被卷层云中的冰晶折射引起的。幻日并不罕见，只要在高层大气中含有冰晶的地方都有可能出现。当太阳落山时，这些幽灵般的幻影往往出现在距离太阳22度的地方。在更罕见的情况下，幻日可以横跨天空的大部分区域，甚至曾被误认为是极光。

 "太阳狗"的故事

　　数千年来，有关"幻日"的记录并不罕见。幻日的英文名字源于一个希腊单词，义为"在太阳旁边"。最早的记载来自公元前4世纪古希腊哲学家亚里士多德的描述，他写道："两个假太阳与真太阳一同平行升起，一路跟随，直至夕阳西下。"在中世纪，幻日被认为是幸福的预兆，其中最有名的故事是在1461年的英国玫瑰战争中，幻日徘徊在战场上空，当时尚未加冕的爱德华四世借此来鼓舞自己的部队，认为这是胜利的象征，从而赢得了这场战争。这个故事还被莎士比亚改编成了戏剧，从而家喻户晓。

地球磁场

太阳是地球的主要能量来源，但太阳辐射要经过漫长的旅程和层层过滤之后才有小部分能到达地表。地球的大气阻挡了许多有害的紫外线和其他射线，又能保证有适量的能量通过，从而维持地球表面温度的相对稳定。不仅如此，地球的磁场就像一层气泡状的磁力防护罩，它的范围比大气还大，使得大量高能粒子的路径发生偏转。

磁层

随着地球内部熔融金属的旋转，地球周围产生了一个类似于磁铁的磁场，但其规模要大得多。地球磁场的磁力线从一极发出，扩散到空间中，最终又回归另一极。地球拥有磁场的现象很早就被人们应用在指南针上，但直到人造卫星的时代，地球磁场的范围和影响才逐渐清晰。科学家们发现磁层能够延伸到太空中数万千米的范围，并使得太阳风发生偏转。太阳风是一种"太空天气"，是太阳持续发射的带电粒子流。尽管有磁层的保护，在强烈的磁暴中，太阳风仍然会造成通信和电力设备的损坏。

在太阳风的冲击下，磁层的大小和形状在一天中不断变化。在朝向太阳的一侧，太阳风将磁层压缩到距离地表约 6.4 万千米的高度；而在背向太阳的一侧，太阳风会把磁层"吹"成一条长长的尾巴，长度是另一侧的 50～100 倍，比地球到月球的距离还长。

星空守望者：
詹姆斯·范·艾伦

詹姆斯·范·艾伦在对宇宙射线的长期研究中获得了重大的发现。在1958年1月升空的美国第一颗人造卫星"探险者1号"上，就搭载了范·艾伦为这次太空旅程设计的盖格计数器。一系列证据表明，在地球周围存在着两个甜甜圈一样的带状区域，在这里，地球的磁场能够捕获来自太阳和太阳系外的辐射。这被认为是人类进入太空的首个重大发现，被称为范·艾伦辐射带。

詹姆斯·范·艾伦

太阳风影响下的地球保护磁层

范·艾伦辐射带

尽管磁层会挡住部分太阳风,但还是会有一些来自太阳的高能粒子以及太阳系外的星际辐射穿透地球大气。20世纪50年代末,物理学家们发现了其中部分粒子的去向。

1958年,物理学家范·艾伦发现了两个环绕地球的具有强烈放射性的同心带,被称为范·艾伦辐射带,在赤道处最厚,两极最薄。内层的辐射带从地表上方约1 000千米处向外延伸约4 800千米,而外层辐射带的范围为距离地表16 000～40 000千米。

范·艾伦辐射带由高能粒子组成,包括太阳系外的质子和电子以及来自太阳的氦离子。这些高能粒子能够穿透磁层外边缘,与大气混合,被地球的磁场俘获后在两极之间弹跳。这种粒子中积累了大量的能量,因此航天器需要针对它们配备额外的保护罩。

 磁极倒转的科学

地球磁场的极性在过去的30亿年里曾发生过多次倒转。磁极倒转现象并没有末日论者所说的那样恐怖,它其实很常见,倒转的过程会持续几十万年至几百万年。地质记录显示,在每一次地磁倒转中,地磁两极的位置在全球范围内会不断地改变和移动。自19世纪初,地磁北极迁移了1 000多千米,并仍在以每年64千米左右的速度移动。

太阳风和极光

延伸阅读

1989年正值太阳活动11年周期的顶峰，当时出现过一次极强的太阳风暴，引发的极光最远在加勒比海地区都能观测到。

太阳以大约300万千米每小时的速度不间断地吹出太阳风，每秒吹出大约100万吨物质。不过，日冕物质抛射和太阳耀斑等爆发事件可以在短时间内将数十亿吨等离子体抛撒到太空中，相比之下，太阳风流失的能量就显得微不足道了。

极光秀

在南北极附近的天空中可以看到舞动的极光，这是地

冰岛上空壮观的极光

球上最绚丽多彩的大气现象之一，是由剧烈的太阳风事件造成的。有时，太阳风的带电粒子能够冲破磁层，进入大气，到达距离地表80千米的高度，从而激发大气中的氧和氮分子，发出霓虹灯一样的光芒。

地球上的观测者看到的由绿色、红色和粉色组成的绚烂光幕，是由太阳风暴造就的奇观，强度也受到太阳风暴的影响。通过分析人造卫星对极光和其他电磁活动的观测数据，我们能够进一步了解极光的成因。随着太阳风的吹拂，部分地球磁场会被拉伸，发生断裂，而后很快重新联接，在这一磁场重联的过程中，会释放大量能量，从而形成闪耀律动的极光。

北极光和南极光

极光大多出现在极地附近，北方的叫北极光，南方的叫南极光。北美洲的阿拉斯加地区、加拿大以及北欧国家等高纬度地区是最常能看见极光的地方，那里的居民给这种幽灵之光编织了各种传说。在南半球，极光主要出现在新西兰和塔斯马尼亚岛的偏远地区，以及广袤的海域和无人居住的南极洲。但是，当强烈的太阳风暴来临时，中纬度地区偶尔也能看到极光。在春分和秋分前后（3月和9月），更多的太阳粒子能够穿越地球磁场进入大气，因而极光也特别活跃。

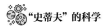

"史蒂夫"的科学

自史前时代以来，人们一直为奇幻的、舞动着的极光着迷。最近，人们发现了一种新的略带紫色的极光，其被命名为"史蒂夫"（STEVE, Strong Thermal Emission Velocity Enhancement，字面意思是一种由热能激发的很强的速度增大过程）。这种极光是由业余极光爱好者首次发现的，出现在春天和秋天的夜空中，最长能够持续1小时。一颗恰好飞越"史蒂夫"的卫星记录到了高达3 000℃的高温和带电粒子的高速运动，这些物理特性与一种被称为亚极光离子漂移的大气现象相符，这一现象是由快速流动的带电粒子与地球磁场相互作用产生的。

夜光云

每年初夏，在南北半球的高纬度地区，都会有很多奇幻的银蓝色云彩，这种云彩只在日落时分出现，被称为夜光云或夜耀云。

闪耀的尘埃

这些闪闪发光的银蓝色云絮形成于极地上空的中间层，远高于大多数云彩的形成位置。这里是地球大气与太空的交界处，距离地面约80千米，温度可低至−100℃，这里的空气比任何沙漠都要干燥得多。在这种极端条件下，水蒸气会凝结在任何飘浮的尘埃颗粒上，孕育出冰晶，形成夜光云的卷须和细丝。在黄昏和黎明时分，太阳照亮了这些云彩，使它们在深沉朦胧的天空中闪闪发光。当太阳落在地平线下约10度的位置时，地面上的人便看不到太阳，低处的对流层也处在地球的阴影中，只有高层的大气被照亮，这时就会看到夜光云。

人们对夜光云的首次记录是在1885年，印度尼西亚喀拉喀托火山的一次喷发后。那次喷发将大量的火山灰送入了大气的高层，笼罩在地球之上长达数月，之后的很长一段时间里，壮观的红色日落和独特的发光云频繁出现。虽然如此大规模的火山喷发并不常见，但每天仍会有超过5 000吨的星际尘埃落入地球，这些尘埃也是夜光云形成的基础。

地平线下的阳光照亮了高层大气中的夜光云

这张图片显示了条带型、波浪型和旋涡型的夜光云

如何观测夜光云

夜光云有四种不同类型：面纱型的像一片明亮的雾，条带型的就是几条平行的云纹，波浪型的看起来是一种特有的涟漪，还有旋涡型，表现为大的环状或扭曲结构。夜光云的形成需要中间层的温度极低，它们在北半球出现在5月到8月，在南半球则在11月到翌年2月间出现。如果想要观测到这一美丽的季节性现象，可以选择一个太阳刚刚低于地平线的时刻，比如在日落后大约1小时在西北方的天空中寻找，或者在早上日出前1小时向东北方碰碰运气。

观测这些夜光云的最佳位置是纬度在50—70度之间的高纬度地区——大致在中国黑河以北。不过在20世纪，曾经在美国犹他州、堪萨斯州和科罗拉多州，甚至更远的南方频繁发现夜光云。它们扩散的原因目前还不明确，一些科学家认为这与气候变化有关。

夜光云也可能会在太空中出现。国际空间站上的航天员曾报告说看到过这种云彩，甚至偶尔会捕捉到一些图像。在火星上也曾发现过类似的云层，曾经由"火星快车号"探测卫星于2006年在距离火星表面约100千米处的地方观测到，这些火星云可能是由冻结的二氧化碳形成的。

"精灵" 和火箭尾迹云

在过去的20多年中，人们曾多次在夜空中捕捉到一种神秘的红橙色闪光，这些闪光被称为"精灵"。观测这一现象不仅需要敏锐的观察力，还需要刚刚好的时间和地点。1989年，有人在美国上空首次拍摄到了这种雷暴之上的闪烁电光，在此之前，这种现象只存在于科学家的理论中。这种转瞬即逝的电脉冲可以到达距离地球表面约80千米的太空边缘。

太空探索技术公司（SpaceX）
发射形成的火箭尾迹云

"精灵"仅能持续几毫秒，还常常被云层遮挡，因而难以捕捉到。"精灵"的形成与闪电有关，当云层之间放电时，大多会向地面放电，而在极少数情况下，电流会从云的顶部射向太空的边缘，此时就会产生这种罕见而奇异的现象。

追逐"精灵"

美国中西部地区是观察"精灵"的绝佳区域之一，包括从明尼苏达州到科罗拉多州，直至南部的得克萨斯州的广袤地域。在世界范围内，人们还曾经在南美洲、非洲和大洋洲的风暴中观测到这种现象。要想在风暴期间用肉眼看到"精灵"，首先需要找到一个远离城市刺眼灯光的地点，还要尽量避开雾霾和空气污染。在观测时，眼睛要盯住雷云的顶部，同时需要用一张纸板挡住下方的闪电。在风暴的高峰期，平均每10分钟左右就会出现一次"精灵"。除此之外，有经验的"精灵"追逐者建议在观测前，事先在网上查好天气雷达图，确定800千米范围内的强雷暴区域。尽管我们难以获得航天员那样从太空俯视的绝佳视野，但地面上的观测者也可以站在山顶来获得高度优势，去俯瞰下方平原上移动的风暴来进行观测。

火箭尾迹云

亲临火箭发射现场是一件美妙而难忘的事情，不过只有极少数幸运儿能够近距离观察火箭离开发射台的那一刻。不过，我们还可以看到火箭尾气形成的绚烂的狭长云彩，扭曲着飘向数千米外的天空。

在火箭加速阶段，火箭的燃料在燃烧室中相互混合、燃烧，从而形成这些火箭尾迹云。燃料燃烧产生压力，尾流从发动机喷口排出，推动火箭升空。尾流中的高温水蒸气排出后，在较冷的空气中迅速凝结，就像喷气式飞机穿过高空时那样，形成火箭尾迹云。这种壮观的火箭尾迹云在数百千米内都能看到。

当火箭尾迹云在最高、最稀薄的大气形成时，它们不仅会凝结，还会膨胀，在风的作用下扩散成奇怪的图案。如果火箭在日落时分发射，这些扭曲的尾迹会反射阳光而变得更加明显。在日落后1小时或日出前1小时内，太阳在地平线之下，但阳光能够照亮高空的火箭尾迹云，从而让它们在黑暗的天空中闪闪发光。

随着太空旅行的商业活动逐渐增加，我们在未来会有更多的机会来观察火箭尾迹云。

在活跃的闪电风暴和刚升起的月亮之间，可以看到一个红色"精灵"

地球上的生命依赖于太阳的
能量、光和热

第三章

太 阳

我们的恒星

符号：◎
表面平均温度：
5 500 ℃
核心平均温度：
1.5×10^7 ℃
自转周期：
24.47天（赤道附近）
直径：
139.2万千米（赤道）
质量：
地球的333 000倍
重力加速度：
地球的28倍

大约46亿年前，在银河系的猎户臂上，一个由氢和其他星际物质组成的旋转云团在引力的影响下开始坍缩。随着气体云的凝聚，云团中心的压力和温度急剧上升，氢原子核开始聚变形成氦原子核，同时释放巨大的能量。这种向外辐射的能量能够抵挡重力的挤压，从而阻止云团继续收缩。在一番角力之后，新的平衡开启了，于是，我们的恒星——太阳就此诞生。

太阳位于太阳系的中心，距离地球约1.5亿千米，自冥王星降级为矮行星后，一共有8颗行星围绕着它公转，从而组成了太阳系。太阳的存在时刻提醒着我们人类在宇宙中有多么渺小。太阳只是银河系中2 000～4 000亿颗

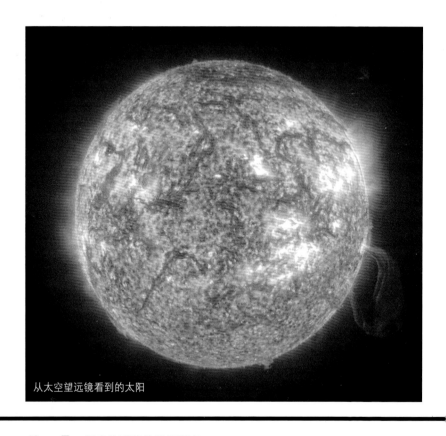

从太空望远镜看到的太阳

恒星中的一颗，而银河系本身也不过是宇宙中数千亿个星系中的一个。太阳的大小适中，温度适宜，与地球之间的距离也刚刚好，能为地球上的生命提供足够的能量，但又不会向行星释放过于猛烈的辐射。如果形成太阳的原始气体云大一些或小一点，或者其他力量的影响稍有差异，地球就可能会变成表面温度高达460℃的金星，或者温度低于-212℃的海王星。

成分

　　事实证明，太阳是一颗大小和温度都适中的恒星，能够为地球稳定地提供约1 400瓦每平方米的能量，为海洋的形成提供了可能。太阳是一颗G2型恒星，表面温度约为5 500℃，呈黄色。尽管太阳比银河系中的大多数恒星更亮、更热，但根据恒星的颜色和温度来分类时，太阳处于恒星分类光谱的中间位置，被归为黄矮星，目前正处于恒星生命周期的主要阶段，也就是主序阶段。

　　与其他所有的恒星一样，太阳主要由氢组成，氢是其核心核反应的燃料。氢占了太阳物质总量的73.9%，氦占近25%，钠、铁和其他微量元素仅占很小一部分。我们从地球上看到的太阳，实际上是太阳的最外层大气，被称为光球层。这一层中，除了氢和氦，还有少量的氧、碳、铁、硫和许多其他元素。

天空的主角

　　在整个宇宙中，太阳也许并不起眼，但千百年来，它始终是最令人类着迷的恒星。古埃及人和阿兹特克人将太阳视为强大的神，在世界其他地方的文化中也都将太阳视为神灵或将其拟人化。太阳深深地影响着我们的日常生活，它不仅会影响天气等外部条件，还能触发人体内维生素D的合成，左右人类的心理健康。

危险生活的科学

即使地球与太阳之间保持着微妙的平衡，这样的生活还是有危险的。太阳会发出高能的、对生物有害的辐射，包括伽马射线、X射线和紫外线。尽管地球的大气和磁场阻止了大部分的危险辐射，但是随着臭氧层被逐渐破坏，更多的紫外线到达了地球表面，皮肤癌的发病率也随之升高。关于日晒的警告以及对防晒用具和防晒霜的需求也与日俱增。

太阳的一生

在众多恒星中，太阳的个头中等，寿命大约是110亿年，与恒星寿命的平均值相当。现在，我们的太阳系正处于中年时期。燃烧温度更低、质量更小的恒星，比如红矮星，寿命会比太阳长得多，可以长达数百亿年至数万亿年之久。而一颗炙热的超巨星可能只要100万年左右就会燃烧殆尽。

我们的太阳还有大约50亿年的主要燃料可用，在燃料耗尽后的几亿年中，太阳会逐渐暗淡下去。太阳使用的燃料量大到难以想象，每1秒钟，太阳的核聚变会消耗约7亿吨氢，同时产生6.95亿吨氦，其中减少的500万吨物质则直接转化为能量。但是，太阳总有一天会油尽灯枯，然后会发生什么呢？

延伸阅读

太阳约占太阳系总质量的99.8%，它几乎完全由氢和氦组成，和宇宙的主要成分一致。除此之外，太阳中还含有其他的微量元素，包括铁、镍、氧、硅、硫、镁、碳、氖、钙和铬。

走向终结

恒星的大小与温度会直接决定它死亡的方式。以我们

太阳膨胀成红巨星后，地球表面荒芜景象的想象图

的太阳为例，在形成时，恒星向外散发的能量和向内无休止的引力挤压之间达到了平衡，但随着燃料开始枯竭，向外倾泻的能量也随之减少，平衡将被打破。向内的引力将继续发挥作用，使得太阳开始坍缩。

这种坍缩导致太阳内部温度升高，让垂死的太阳释放出更耀眼的光芒。太阳核心熔炉之外的剩余氢将开始燃烧，数十亿年来由氢聚变产生的氦也将开始反应，聚变成碳元素。

太阳之死

新的聚变反应产生的能量使太阳膨胀，变成比现在大许多的红巨星，可能还会膨胀到水星和金星当前的公转轨道之外，吞没这两颗行星。到那时，地球海洋完全蒸发，地球上的所有生命也无法幸免。随着太阳向太空喷出气体和其他物质，其引力持续减弱，使得地球和太阳系中的其他行星向外运行，进入更远的轨道。太阳变得很不稳定，成为一颗变星。在下一阶段，太阳喷射的气体会形成一团星云，并开始消散。

第二阶段的燃料消耗结束后，聚变反应将完全停止。在引力的作用下，太阳会再次向中心坍缩，剩下的物质，包括之前裸露的高温核心的残留，将被压缩到目前地球的大小，变成一颗白矮星，逐渐冷却，飘浮在寒冷的宇宙角落中。

 核能的科学

核电站获得能量的方式称为裂变反应，也就是较重的原子核分裂成较轻的原子核的过程，其间会释放能量。而太阳依赖的是强大的聚变反应。在高温高压下，四个氢原子核结合成一个氦原子核，在这个过程中同样会释放大量的能量。在太阳上的聚变反应中，一个氦-4原子核的质量比原来的四个氢原子核小约0.7%。这些减少的物质直接转化为能量，提供给我们的世界。

解剖太阳

从人类的角度看，太阳似乎很平静。虽然太阳的温度极高，但从地球上看，它只不过是一颗在天空中运行的发光体。随着空间探测器和其他探测手段的发展，我们发现太阳其实是一片极端动荡、充满爆发的复杂之地，它不光有着自己的天气系统，还有令人不安的不可预测性。

太阳的自转方式相当奇特，被称为较差自转，它的赤道区域会像固体一样移动，自转一周需要约 24 个地球日；靠近两极的区域转得比较慢，需要约 38 天才能自转一周。伴随着规律的能量流动，太阳耀斑和日冕物质抛射等现象将数十亿吨的物质射向地球。这些强烈的爆发足以影响地球的通信和电力系统，甚至可能影响我们的健康。

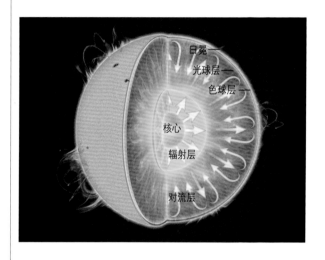

太阳的结构

太阳的中心是致密、高压的内核，体积虽然只占太阳总体积的 7% 左右，但质量却占了大约一半。核聚变就在此处发生，使得温度达到惊人的 1.5×10^7 ℃。随着反应的进行，氢被转化为氦，能量则以光子的形式被释放出来，而后经过一段可能需要数百万年的旅程，才能到达太阳表面。

这些光子从核心出发，在穿过辐射层的过程中开始失去能量并冷却。在大约经过了四分之三的路程时，光子会抵达太阳的对流层，这里的对流作用会不断将气体和热量送往表面。最后光子会到达大约500千米厚的光球层，此处的温度已降至6 000 ℃。

光球层中散发的明亮稳定的光芒使得太阳看起来像一个固态球体，但事实上，太阳的表层是由多层不稳定的物质构成的。从照片上看，太阳的表面呈颗粒状，这些颗粒像是在剧烈沸腾一样，不断有气泡浮出表面然后又沉下去，整个过程大约持续10分钟。太阳的外表面有一层粉红色的色球层，会向外释放气态的针状体，只有在日全食（或者使用特殊设备保护肉眼）时，人们才能观察到色球层。这种气体云浮在太阳表面或以弧状间歇泉的形式喷射出来，分别称为暗条和日珥。

日冕是一层围绕太阳四周的气体晕，厚度可达数百万千米。这是一个幽灵般的存在，只有日全食期间能够看到。日冕的温度高达约 10×10^6 ℃，但这一升温机制目前仍然是天文学中最大的谜团之一。与太阳致密的核心相比，日冕几乎是空无一物，它的密度只有地球大气的万亿分之一。太阳磁场会在日冕上形成冕洞，从中稳定地向太阳系各处吹出粒子流，被称为太阳风。

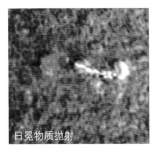
日冕物质抛射

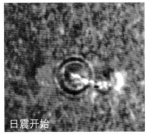
日震开始

日震波传播

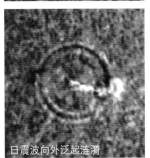
日震波向外泛起涟漪

太阳黑子和太阳耀斑

19世纪中叶，一位业余天文学家理查德·卡林顿发现，在太阳赤道附近的太阳黑子转得比远离赤道的更快。1859年，卡林顿和业余太阳观察者理查德·霍奇森都分别注意到在太阳黑子群附近爆发了一小片白光，这一事件巧合地与电报系统故障以及绚丽的极光同时发生。当时的人们并没有意识到这一发现的重要性。而时至今日，科学家们仍在研究这些现象，来探寻太阳天气和磁场之间的相互关系。

太阳的自转

欧洲航天局的太阳和日球层探测器对卡林顿事件进行了更全面的探索。20世纪90年代中期，来自该探测器的数据显示，太阳致密的气态内核会像固体一样旋转，相较之下，太阳的外部区域，特别是靠近两极的部分，旋转得就慢得多。这种转速的差异使得太阳的磁力线被拉伸，加上对流区气体的持续涌动，使得磁力线相互纠缠在一起。这些被打乱的磁场会减缓太阳物质的流动，导致局

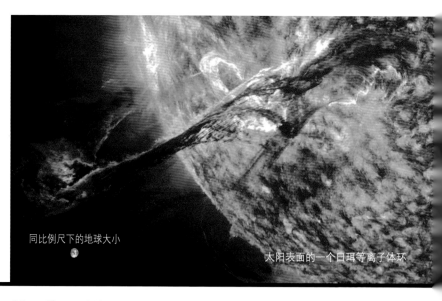

同比例尺下的地球大小

太阳表面的一个日珥等离子体环

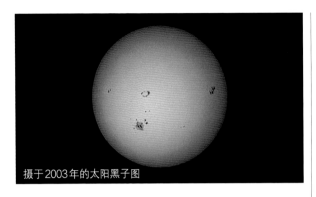

摄于2003年的太阳黑子图

小冰期的故事

1645年左右，发生了一件奇怪的事情。太阳黑子的活动几乎停止了，并且在接下来的大约70年时间里几乎一直处于休眠状态。这种太阳黑子的低谷期也被称为蒙德极小期，与当时北半球小冰期最冷的时期相吻合。这段时间内，太阳活动的微小变化对我们的地球产生了巨大的影响，当时冰川的不断扩展推进，使得可耕种面积减少，造成了一系列负面影响。据估算，这一时期的太阳总能量输出仅下降了0.25%。

部冷却变暗，像太阳表面的深色斑块，这就是太阳黑子，它的温度比太阳表面的平均温度（约5 500 ℃）要低约2 000℃。

耀眼的辐射

太阳黑子通常聚集在太阳赤道附近，其盛衰周期与其他太阳活动相类似，约为11年。累积的磁张力最终会消失，形成太阳耀斑，释放数十亿吨的粒子。这种带电粒子的冲击足以摧毁通信设备和卫星，并扰乱地面电网的电力输送，同时在地面上也会看到极光（见第40页）。

为了减轻对地表的设施和各种系统的影响，预测太阳风暴已经成为像美国国家航天航空局这类机构的优先课题。2010年，美国国家航天航空局发射了太阳动力学天文台，该天文台将观测太阳内部等离子体的运动与太阳表面的磁场变化，并建立模型来研究二者之间的关系，希望能够借此预测太阳风暴的产生时间。

要研究太阳磁场，就必须将目光扩展到太阳表面以外。太阳的磁场总体来说较弱，但它的影响却能一直扩展到太空深处。受到太阳风影响的区域称为日球层，它的厚度可以达到地球到太阳距离的约100倍（100个天文单位），能够将星际风挡在太阳系之外。

太阳的轨迹

太阳轨迹的多重曝光摄影图

　　古人通过观察太阳在天空中的轨迹及其在一年中的变化，发现太阳与地球的相对位置变化与我们的日常生活有着密切的关系。当然，人们花了几个世纪才弄清楚地球其实是围绕太阳运动。尽管如此，人们很早就开始依靠太阳和地球的相对位置变化来判断时间、季节和节日。

　　太阳在天空中的轨迹被称为黄道，黄道同时也指地球围绕太阳运行的路线。这条轨迹保留了太阳系形成时的印记。在太阳诞生之初，星云开始旋转并形成一个扁平的圆盘。氢在中心不断聚集，其他物质在更远的地方聚集成后来的行星。这些行星随后很快和最初的太阳云朝着相同的方向旋转，并几乎处在同一个平面上。

　　正如我们所知，地球的运行由两种截然不同的方式组成，一种是绕着自转轴的旋转，另一种是围绕太

普韦布洛太阳神庙的故事

美国西南部的古印第安人开发了追踪夏至点和春分点等时间的系统。在今天的梅萨维德国家公园内，有一座用来举行仪式的普韦布洛太阳神庙，其墙壁上的狭缝可以用来精确定位地平线上的位置。这一神殿大约在1250年投入使用。当时昴星团上升的位置能够落在神殿墙壁上不到1度的两条狭缝之间，这一卓越的设计甚至不需要任何书面语言或数字系统。

阳的公转。地球自转的方向是由西向东，因此在地球上的观星者看来，太阳和星星在天空中似乎以从东到西的方向移动，与自转方向相反。

四季更替

地球的自转轴与黄道面之间存在着约23.5度的倾角。这一倾角使得地球上出现了季节变化和日照时间的改变。

在北半球的夏至日，通常是6月21日，太阳更偏向北半球一侧，这就是北极出现极昼的原因。对北半球的大部分地区来说，尽管夜晚仍会出现，但这一天的白天是一年中最长的，太阳也会到达天空中的最高点。在随后的6个月中，太阳在天空中的路径将逐渐变平并靠近地平线，白天变短，整个北半球将从夏季过渡到冬季。赤道以南也在经历同样变化，只是日期恰好相反。在南半球，6月21日的白天是一年中最短的，因为此时的南半球远离太阳的照射。

当然，赤道地区不会经历这些极端情况。它们位于地球中部，全年的昼夜时间基本相同，四季变化不大。

所有行星上都有季节。金星和木星只倾斜3度，所以季节间的差异很小。火星的公转轨道呈椭圆形，与太阳之间的距离变化较大，因此产生的季节变化比地球上大得多。

观测太阳

在阳光明媚的日子里走到户外,你会自然地保护眼睛免受强光的照射。这是身体自我保护的本能,直视太阳会损害视力。在无防护的情况下,用望远镜观测太阳可能会在短时间内产生灾难性的后果,甚至会失明。太阳是唯一一个需要采取安全防护措施才能进行细节观测的天体。还有一点需要强调,跟孩子一起观测的时候,要时刻小心,当心他们忍不住朝着太阳亮出他们的双筒望远镜,或者溜到望远镜前瞄一眼。

日食观察者使用保护性的太阳滤光片

延伸阅读

如果想要用望远镜进一步观察太阳、看清太阳上的更多细节,需要借助氢-阿尔法(H-alpha)滤光片。与普通的白光滤光片不同,氢-阿尔法滤光片可以让观测者清晰地看到太阳的光球层和太阳黑子。氢-阿尔法滤光片只会让氢元素发出的光线通过,过滤掉光谱中的其他部分,从而让太阳观测者能够看到微弱的日珥和炽热的太阳耀斑等细节。

安全观测

只需要遵循一些简单的规则,再配合额外的设备,就能让你安全地观测太阳,包括观看它颗粒状的表面气泡,追踪太阳黑子,也许还能看到太阳耀斑爆发。这些现象在白天就可以看到,时间最好是清晨,地点尽量选在草地上或水池旁,这里的空气会更凉爽和稳定,来自城市的光污染也更少。

如果不使用望远镜,通过特制的太阳观测眼镜或合适的电焊护目镜也能安全地观测太阳。有了这些保护,你就可以寻找太阳黑子了。

望远镜观测

　　如果你并不打算频繁观察太阳，最经济和安全的办法是使用天文望远镜（或是固定在三脚架上的双筒望远镜）做一个临时的投影仪。首先要调整望远镜的位置，用设备的阴影作参考，不断调整它的方向直到阴影最小。再次强调，在初始定位时千万不要直视太阳。如果你的望远镜带有寻星镜，记得盖住目镜，这样就没有人可以通过它来看太阳了。用支架或夹子将一张白纸或硬纸板贴在目镜后面约30厘米的地方，这样你就能在纸上看到太阳的投影，还可以调整焦距让太阳的投影更清晰。可以另外找一块硬纸板，在中间挖一个与望远镜镜筒尺寸相当的洞，固定在镜筒上，来挡住"屏幕"周围的散射光。

　　用这个方法观测时，要记得保护你的设备。太阳的热量会在望远镜的镜筒内积聚，使得温度升高而损坏设备。可以用纸板或其他防护罩盖住望远镜的物镜，并在上面开一个直径为5～10厘米的小孔，来减少入射的太阳光。

滤光片

　　对于专业的太阳观测，最简单的解决方案是购买太阳滤光片。太阳滤光片是一块镀有金属的玻璃或塑料，可以将太阳亮度降低至大约十万分之一的水平。不要使用仅用在目镜前的太阳滤光片，这些滤光片在太阳的热量下会毫无征兆地裂开，从而对观测者的视力造成严重伤害。比较划算的滤光片是由镀铝的聚酯薄膜制成的，你甚至可以自己动手裁切它。玻璃材质的滤光片可以提供更真实的色彩，而且可以根据望远镜的孔径来购买，不用自行改装。

星空守望者：太阳导致失明？

　　在17世纪早期，伽利略花了很长时间用望远镜进行观测，从而推导出了一些关于太阳系的基本事实。他还热衷于计算太阳黑子的数目，但当时聚酯薄膜滤光片和氢-阿尔法滤光片都还未出现，对太阳的观测是不是他失明的原因？可能不是。他的失明可能是由疾病或不良的生活习惯引起的，而不是由太阳造成的。他在观测太阳的时候很可能使用了投影法来避免直视太阳。但在天文学家中也有一些著名的太阳损伤案例，包括艾萨克·牛顿。他在黑暗的房间里观测反射的阳光时，被"光和颜色的幻觉"困扰了好几个月，这样的暴露会导致视野中的盲点，不过幸好这次事故造成的盲点是暂时的。

日食与月食

日食和月食是一类令人震撼的天文现象，尤其是发生在正午的日全食。月食更为常见，但也相当值得一看，是一场天体运行机制的绝佳展示。

日食和月食是什么？

当月亮或地球挡住太阳的光线时，就会发生日食或月食。在月食中，地球位于太阳和月球之间，因此地球的影子落在月球上。当然，这种情况只有在满月时才会发生，那时月亮相对于地球的方向正好与太阳相反。在日食中，月亮和地球角色互换。月球位于太阳和地球之间，月球的影子落在地球上，所以日食只会发生在农历月初或月末的时候。

这样看来，你可能会认为日食或月食每个月都会发生一次，但实际上它们每年最多只发生7次。这是因为太阳、月球和地球并非在同一平面上运行。由于月球的轨道面（白道面）与地球的公转轨道面（黄道面）的夹角约5度，所以只有当两个轨道面相交时，才有可能发生日食或月食。每

日食期间显露出来的日冕

月食开始时的满月

一年里能观测到日月食的总数在2～7次之间。

当太阳照射到月球或地球上时，产生的阴影锥体分为两部分：内侧狭窄的"本影"，这里的光线完全被遮挡住；外侧宽阔的"半影"，这里的光线只是被部分遮挡。全食发生在本影区，而偏食发生在半影区。在月食期间，地球的阴影笼罩着月球，如果天气晴朗，在地球上的任何地方都可以看到变暗的月球。但在日食期间，月球形成的阴影比地球小得多，所以日全食只能在特定的区域内被观测到，又因为地球在不停自转，这片区域的范围在日食期间也会随之不断变化。因此，当你计划观看日食时，需要事先确认一下能够观测到日食的地点。

观看日食是一件很奇妙的事情，但这个过程中千万不要直视太阳，太阳镜并不能提供足够的保护，要通过投影法或使用专业的护目镜间接观看，否则你的眼睛会受到严重伤害。

日食

日食有三种类型：日环食、日偏食和日全食。当月球离地球较远时，月球无法完全遮住太阳，产生的本影无法抵达地球表面，就会出现日环食。在日环食期间，虽然月球会逐渐遮住太阳并最终穿越日面，但在它周围，太阳明亮的边缘始终可见，形成了一个"环"，因此被称为日环食。在发生日环食时，天色会变得昏暗，但不会完全黑下来。

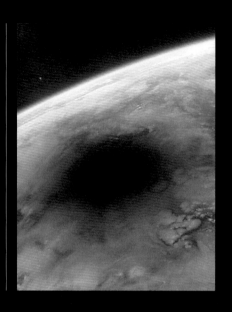

日食的形成

只要在月球阴影的半影区内，就

本影　　半影

当月球经过地球和太阳之间时，月球的影子投在地球上，就会出现日食

能看到日偏食。日偏食通常并不引人注目，只会使阳光变得微弱一点。不过，在适当的眼部防护措施下，你会看到太阳像是被咬了一口。

日食中最引人注目的当数日全食。只有在月球的本影区内，才能看到月球的圆盘似乎完全覆盖太阳的日全食。地表的本影区呈带状，宽度通常小于300千米，被称为全食带。这些细长条带的位置每年都在变化，两次几乎相同的日食之间，间隔约为18年。2009年7月22日，全食带横穿了整个长江流域，这次日食也被称为"长江大日食"。2010年1月15日，全食带从云南进入中国，向东北方移动，直到山东。下一次中国大范围可观测的日全食要等到2035年9月2日，这次日食的全食带将横贯中国北方地区。（日食的时间表见第279页）。

观看日全食是一次非同寻常的体验。日全食期间，如果你处在月亮的本影区内，即便是白昼，天色也会渐渐变得像昏暗的傍晚。在这宝贵的黑暗时刻，鸟儿会提前返巢，蟋蟀会大声鸣叫，明亮的星星会出现在空中。这个时候还可以看到壮观的日冕，这层炽热的太阳外层大气像是环绕着月亮的圆盘边缘。只有在日全食期间，用肉眼观察太阳是安全的，但如果太

阳没有被完全遮住，还是需要使用适当的太阳滤光片来保护眼睛。

日食的神话

许多古代文化都害怕日食，认为那是厄运的征兆。日食出现在各种各样的神话故事中，比如中国的天狗食日的传说，当时的人们会通过敲锣或射箭来吓走天狗。在其他文化中，青蛙、熊甚至狼人都曾被认为是吃了太阳消失的罪魁祸首。太阳和月亮常被解释为不和的兄弟姐妹或是一对努力争取和平的夫妻，而在多哥和贝宁的巴塔马利巴人的文化中，日食是太阳和月亮解决宿怨和分歧的号召，希望太阳和月亮能停止斗争。

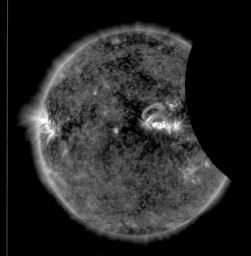

宇宙飞船捕捉到的日偏食

月食

跟日食一样，月食也可分为三种类型。如果月球穿过地球阴影的半影区，也就是地球阴影的外部区域，我们将看到半影月食。这时的月亮通常只会比平时暗淡一些，因此并不引人注意。

如果月球只有一部分进入本影区，而另一部分在半影区，就会出现月偏食，此时会短暂地出现缺了一角的月亮。

当月球完全进入地球的本影区时，我们会看到月全食。但与日全食时不同，此时的月球并不会完全变暗，月亮的整个圆盘依旧是清晰可见的，只是暗淡得多。

月全食可以持续长达 1.5 小时，但食甚（月面中心与地球本影区中心最近）仅有几分钟。你可以用肉眼安全地看到它们。还可以用双筒望远镜观察月食，使用低倍率的目镜就能看到整个月球。

血月

在月食的整个过程中，虽然大部分阳光无法到达月球，但仍有一些杂散的阳光会穿过地球稀薄的大气层，照射到月球表面。不过，当这部分阳光穿过地球大气时会被大气中的灰尘

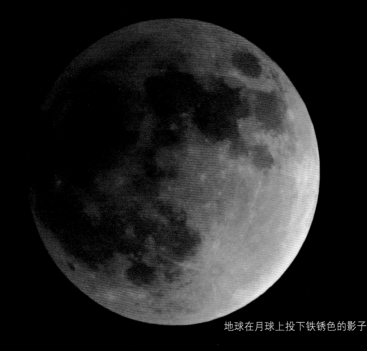

地球在月球上投下铁锈色的影子

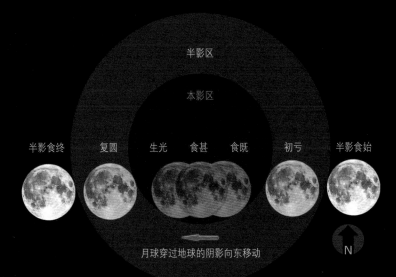

半影区

本影区

半影食终　复圆　生光　食甚　食既　初亏　半影食始

月球穿过地球的阴影向东移动

N

月食的几个阶段

和污染物反射或折射，使得到达月球的光颜色偏红。这种现象的原理与我们在地面上看到的日出、日落时的红日是一样的。因此，当离开大气的阳光照射到月球上时，会把黑暗的月盘染成橙色到锈红色。如果没有地球大气，月全食时的月球将是完全黑暗的。而如果地球的大气尘土飞扬，阻挡住更多的阳光，那么月全食时的月球可能会变成更深的红色，也被称为"血月"。在其他时候，地球的高层大气中几乎没有颗粒物质，它可能会保持相当明亮的橙色。人们也有相关的记录，活跃的火山喷发使得大量的灰烬进入高层大气，这时的月食就会是血红色的。

月食的预兆

自古以来，天文观测者就一直在追踪月食，古代的中国人和玛雅人都曾有关于月食的详细记录。1504年，哥伦布曾经靠着天文年历成功地骗过了当时的牙买加居民。哥伦布当时被困在岛上，需要从当地的阿拉瓦克人那里获得食物，但阿拉瓦克人早就受够了欧洲水手对他们的虐待，并不愿提供帮助。哥伦布查阅了历书，发现月全食即将到来，便告诉阿拉瓦克人，上天对他们很不满意，上天的愤怒将使月亮变暗。果然，月亮变成了月食时特有的血红色。当地居民只好承诺，只要上天宽恕他们，他们就会给哥伦布提供全面的帮助。大约1小时后，月亮就恢复原状了。

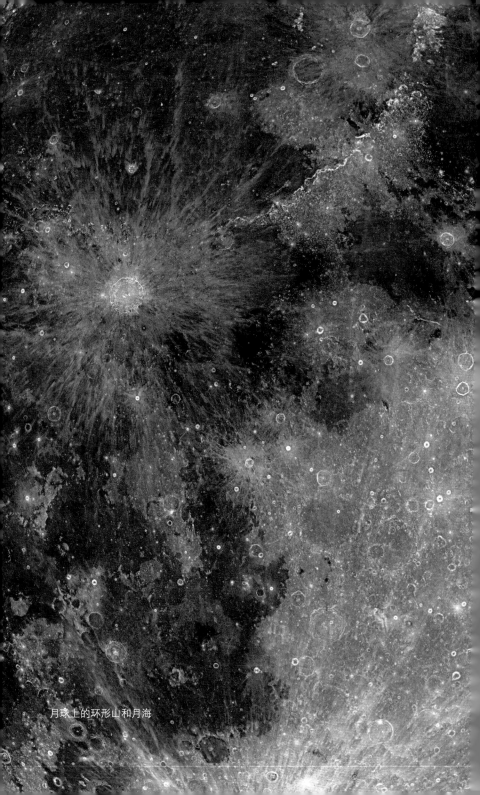
月球上的环形山和月海

第四章

月 球

我们的天然卫星

符号：☽
半径：
1 737.1 千米
质量：
$7.348\ 3 \times 10^{22}$ 千克
与地球的距离：
约384 400千米
公转周期：
27.3天
自转周期：
27.3天
轨道周长：
2 413 402千米

月球是观星者们的好朋友，即使光污染再严重，月亮也依然是明亮的，用肉眼就可以轻松观测，借助双筒望远镜则可以看到月球的诸多细节和惊艳的容貌。

月球的起源

多次月球探测任务的证据表明，一颗火星大小的天体撞击了早期的地球，产生的碎片最终凝聚成了今天我们所熟知的灰白色球体——月球。这一理论解释了月球的一些现象：为什么月球的岩石与地球表面的岩石非常相似，为什么月球表面缺少水（水分在撞击过程中挥发，月球岩石

数十亿年前的一场宇宙碰撞，其间溅射出的地球碎片形成了月球

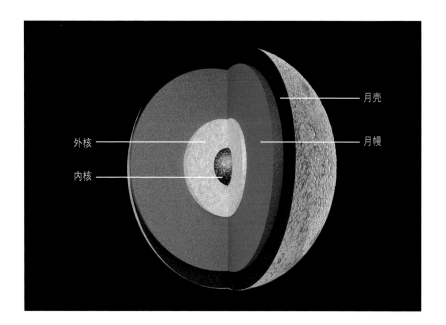

月壳

月幔

外核

内核

中存在少量的水），以及它运行轨道的特征。

荒凉的月球

　　与地球类似，月球由核、幔、壳组成，中心是主要由固态铁构成的内核和液态铁构成的外核组成，外面由一层薄的半熔融物质包裹，再往外是一层低密度的岩石。月球表面是一幅完美的历史地图，没有天气来改变环形山和山脉的地貌。陨石的撞击贯穿了月球45亿年的历史，使月球表面布满松散粉状的岩石，形成了风化层。撞击坑最宽可达2 500千米，坑壁最高可达8千米。月球表面有独特的月海，最早被观测者误认为是干涸的海洋，实际上是由约38亿年前的剧烈撞击将熔融岩浆带到表面形成的。尽管月球体积不大，但它的构造和火山活动塑造了令人印象深刻的地貌景观，与地球上的景象既相似又陌生。

延伸阅读

月球的引力一直在牵引着我们的星球。当地球上的海洋朝向月球的时候，月球的引力会轻微地拉动海洋，从而出现涨潮。

月球的运动

由于月球始终以同一面朝向地球，所以看起来就像是被困在轨道上不动，对地球似乎没有什么影响。但其实地球和它的卫星之间的关系非常有趣而紧密，远比看起来更复杂。

月球的转动

虽然从地面上看，月球好像是静止不动的，但实际上它和地球一样会绕自转轴转动。只不过它的自转速度与绕地球公转的速度相当——两者都需要27.3天。这种同步是由于在两个天体演化过程中，地球的引力使得月球上出现了一个隆起的"陆潮"，使其自转减慢并与轨道速度同步。对于在地球上的观测者来说，这意味着月球只有一面是可见的，而另一面却永远背对着地球。月球出现相同月相的周期，被称为朔望月，这个周期要长一点，大约是29.5个地球日。

月球背对我们的那一半通常被错误地称为"暗面"，实际上这里并不是处于永久的黑暗之中。它所经历的与月球正面一样，每个月有一段时间有充足的阳光，有一段时间则是处在阴影里。1959年，苏联的"月球3号"飞船拍摄到了月球的背面，人们才首次观测到它，而在接下来的几十年中，人们绘制出了更精细的地图。苏联的这一壮举也反映在了月球背面的一些地名中，包括"莫斯科海"和以第一个进入太空的苏联航天员尤里·加加林命名的环形山。月球的背面主要是布满环形山的高地，与月球正面大为不同。背面的地壳明显更厚，它在

延伸阅读

第一个见到月球背面的人是"阿波罗8号"的航天员。根据美国国家航天航空局的记录，威廉·安德斯曾经描述："月球背面看起来像我的孩子们玩了一段时间的沙堆，它到处都是被翻起的，没有边界的，到处都是凸起和洞。"

月球背面

地球上看到的月球被太阳照亮的部分，叫作月相

陨石撞击的时候阻挡了岩浆的外溢，这就是为什么背面没有像正面那样的月海。

共同的轨道

　　月球绕地球运行的说法有点误导人。尽管月球的引力只有地球的六分之一，但实际上，地球和月球是绕着彼此转的，就像一根头重脚轻的指挥棒旋转的样子。由于地球更重，密度也更大，所以地月系统的平衡点（也就是质心）位于地球表面以下1 770千米处。地月系统的质心沿着黄道面绕太阳运动，而地球的其余部分在质心周围运行。

　　月球有着可观的引力，这在"阿波罗计划"中起到了重要的作用。在登月过程中，飞船将首先脱离绕地球的轨道来到月球前方，而后被月球的引力拉到较远的一侧，并通过降低速度，使得飞船能够被捕获进入月球轨道。在"阿波罗13号"任务中，这种轨道机制甚至挽救了航天员的生命。当时，在距离地球32万千米的地方，飞船的氧气罐发生了爆炸，于是航天员们使用了返回舱动力系统推动飞船进入了自由返回轨道，利用地球的引力和开普勒运动定律，让飞船绕过月球后返回地球。

✦ 月球远离地球的科学

　　月球正以约3.8厘米每年的速度缓慢地转动着离开地球。月球的引力持续地拉着地球，在海洋中引起潮汐隆起，造成潮汐摩擦，从而带走地球的能量，减慢地球的自转。这种角动量的损失导致月球加速并远离我们的星球。几个世纪以来，人们一直怀疑月球存在漂移，直到20世纪70年代的探月飞行给月球装上了镜子之后，科学家们向月球上的镜子发射激光束，通过计算激光返回所需的时间，这一现象才最终得以确认。

月相的变化

延伸阅读

你是否注意到，月亮在地平线附近升起或落下时，看起来比在头顶上时更大？我们知道这是一种光学错觉，因为无论月亮在夜空的哪个位置，相机中的月亮都是大小相同的。这可能是因为地平线上有更多我们熟悉的参照物，例如树木、山峰、房屋等，方便我们和月面比较，月球才会看起来更大。也有可能是因为我们更习惯于观察地面上的景象，因为当我们还在草原上时，地平线上的危险要比空中大得多，毕竟空中没有狮子！

就像太阳在天空中的路径会随着地球的运行而改变，月球围绕地球的转动也决定了它升起和落下的位置以及我们看到的月相。月球绕地球一周需要29天多，换句话说，月球每天移动12度。如果追踪月亮升起的位置，你会看到它在天空中每晚都在向东移动12度。

天空中的位置

月球相对黄道的方位决定了它的高度和轨迹。月球轨道面和黄道面基本一致，相差大约5度。在北半球冬天的白天，黄道在天空中较低，但在夜晚则变成了一道很高很长的弧形；夏天的情况正好相反，黄道在夜空中的位置往往很低。在春天的傍晚，黄道会以较小的夹角出现在西方天空中；而在秋天，黄道在黎明的时候在东方呈向上的角度。因此春秋两季为观星者提供了更长的观测时间，是观察上蛾眉月和下蛾眉月的最佳时机。

月相

月球自身不发光，而是像投影仪的屏幕一样反射太阳光。随着月球的运动，它相对太阳和地球的角度在不断变

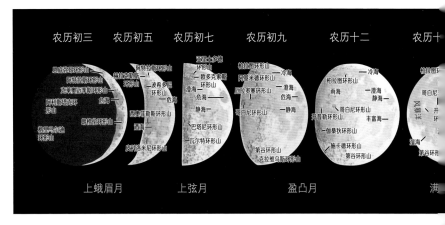

化，从而造成不同的月相。当月球位于太阳和地球之间时，面向地球的一面完全背光，也就是新月，此时月亮是看不见的，除非出现日食。而满月时，月亮和太阳位于地球相反的两侧，此时如果三个天体刚好连成一线，就会出现月食。

随着月亮沿着轨道运行，它可以捕捉到几度范围的阳光，在一两天后，出现一轮细细的上蛾眉月。大约一周后，月球与地球和太阳的连线成约90度角，此时我们会看到一半被照亮的月亮，这种月相称为上弦月，上弦月的英文直译过来就是第一个四分之一月亮，因为已经过了四分之一个太阴周。接下来是盈凸月。然后是满月，此时月亮甚至可以明亮到将物体照出影子。之后，月亮被照亮的部分开始收缩，从下弦月逐渐变成下蛾眉月，直至消失在黑暗之中，而后开始下一个周期。

月相也和月亮升起落下的时间有直接的联系。由于几何学的关系，满月时，月亮会在太阳落下时升起，在第二天的日出时落下，因为它们在空中彼此相对。月球上没有季节，因为它几乎垂直于黄道面转动，阳光几乎水平照射在月球的两极。

 收获月的故事

在北半球，观星者可以一年一次欣赏到一种叫作收获月的现象。在秋分前后，月亮的轨道与地平线的夹角较小，这使得月亮在几天内几乎同一时间升起，而且看起来又大又黄又圆。一年中，每晚月出时间都要比前一天晚50分钟左右，但收获月时，每晚月出时间的间隔缩短至30分钟左右。在电力出现之前，这段时间的月光是至关重要的，能够在农民收割庄稼时提供额外的光线。

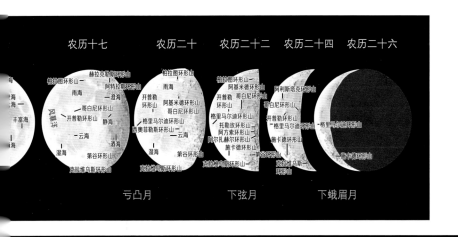

月球的面庞

随着我们对月球的不断探索，月球已经从一个充满未知的迷人符号变为一个有着有趣且复杂的演变历史的天体。多亏了曾登上月球的 12 名航天员以及先进的探测设备，我们才能了解月球激烈复杂的历史。在月球形成后，周围遗留的碎片持续轰击着它的表面，且在最初的 5 亿年里尤为密集，最终造就了今天我们所见的月球地貌。月球的正面主要有两种地形：83% 的区域是原始的明亮高地，剩下的 17% 是之后形成的暗色平原。

平坦的月海

17 世纪时，伽利略曾通过望远镜观测了月球的许多山脉和环形山，以及看起来像安静平坦海洋的暗色区域。古代天文学家称这类区域为月海（maria），也就是拉丁语中的"海洋"。如今月球表面的许多地理名称是用拉丁语命名的，其中最著名的要数静海了，尼尔·阿姆斯特朗就是在这里迈出了"人类的一大步"。如果使用双筒望远镜，你可以观察到"阿波罗 11 号"登陆舱 1969 年着陆的大致区域。广阔的月海主要集中在月球朝向地球的一面。

这些平坦的月海为人们了解月球早期的动荡历史提供了线索。月球刚形成时，遗留的碎片重复撞击月面，

月球表面金牛－利特罗峡谷的景象，"阿波罗 17 号"航天员拍摄

从而形成了这些大坑，宽度可达数百千米，深度则相比较浅，最深只有 16 千米。反复的撞击使得月球残余的岩浆再次熔融，将表面填平后又重新冷却，从而形成了这种光滑的表面。随着月球周围的尘埃逐渐落定，撞击的频率和强度也逐渐减弱，这些平坦的地貌被基本完整地保留下来，为了我们探寻月球的历史提供了重要的指引。

观察环形山

　　撞击有时只会在月球表面留下凹陷，使得月球表面布满了环形山。月球表面有一部分看起来颜色稍浅，在月球早期历史中，月壳上部几千米厚的表层经历了多次粉碎和重组。最近一次的大规模撞击可追溯到 1.09 亿年前，这次撞击形成了第谷环形山，它是以天文学家第谷·布拉赫的名字命名的。单个环形山的宽度可达几百千米，深度可达几千米。环形山的底部会有呈辐射状喷溅的岩石结构，这是陨石撞击的证据。

　　在上弦月或者下弦月时，阳光照射月球的角度使得环形山的细节能被非常清晰地显现出来。用双筒望远镜就能看到许多著名的环形山，比如哥白尼环形山和西奥菲勒斯环形山。用天文望远镜观测时，月海是一个很好的参考点，可以帮助你定位环形山和其他目标。

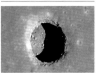

岩浆通道的科学

在月球轨道飞行器传回的高分辨率照片上，科学家发现了月球表面的岩浆通道。这些通道曾经充满流动的岩浆，逐渐凝固留下这些空的通道。有些通道的顶部出现了塌陷，使得通道显现了出来，这些塌陷后留下的坑洞被称为"天窗"。有些甚至能有一座城市那么大，可以给未来的月球移民提供安全的生存空间，来躲避太空辐射、极端温度和陨石雨的袭击。"天窗"还能为开发地下冰作为水源提供途径。

月球的正面

　　因为月球的自转周期与绕地球公转的周期近乎一致，这意味着地球上的观测者只能看到月球的一侧，或者说是月球的正面。观测者看到的浅色部分地势较高，上面布满了由陨石和彗星撞击留下的宽阔而深邃的环形山。颜色较深的部分是巨大的月海，那里的地表平坦广阔，是早期大型撞击后，熔岩溢出又填满撞击盆地后形成的。

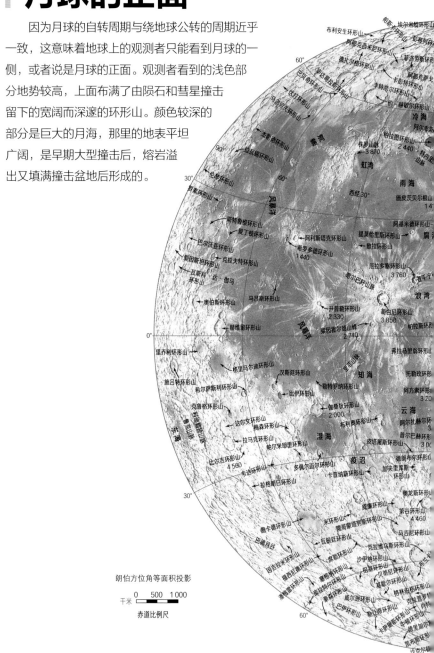

朗伯方位角等面积投影

千米　0　500　1000

赤道比例尺

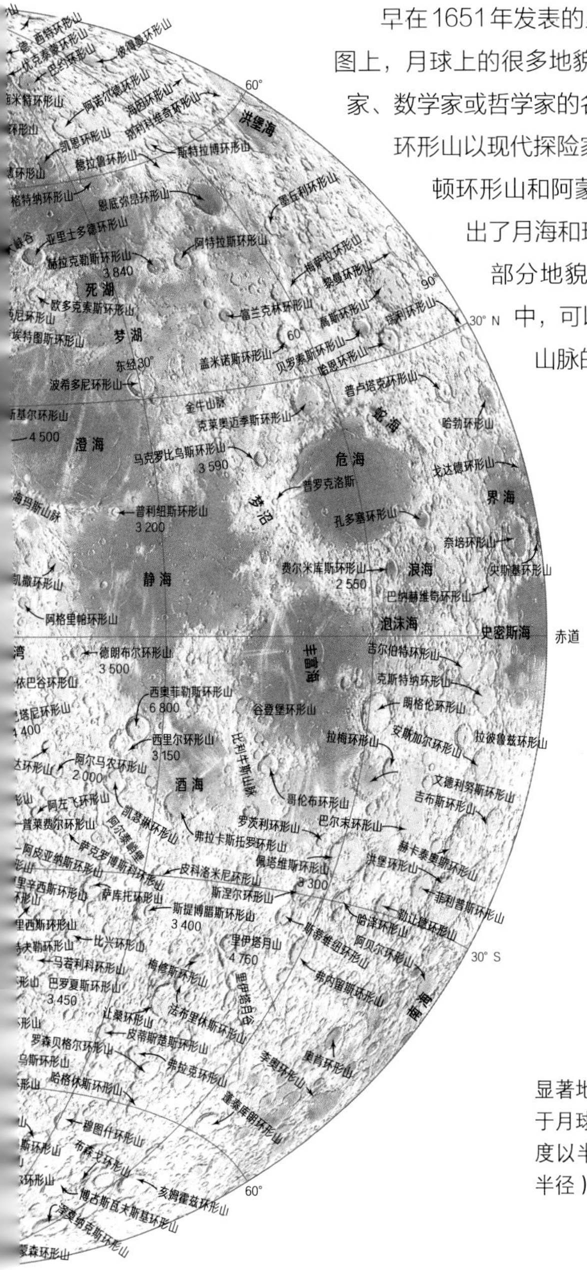

早在1651年发表的里乔利/格里马尔迪月球地图上，月球上的很多地貌结构就开始以著名的科学家、数学家或哲学家的名字命名了，而后也陆续有环形山以现代探险家的名字命名，比如沙克尔顿环形山和阿蒙森环形山。这张月面图标出了月海和环形山的名字和位置。图中部分地貌结构上标有高程数据，其中，可以额外注意一下陡峭的月球山脉的主峰高度。

显著地貌的海拔高度以米为单位，由于月球上没有海平面，所以地貌的高度以半径为1738千米（月球的平均半径）的球面为基准。

月面图标注：

60° 洪堡海 30° N 90° 赤道 30° S

死湖　梦湖　澄海　静海　酒海

危海　浪海　泡沫海　界海　史密斯海

东经30°

阿特拉斯环形山　斯特拉博环形山　盖尔键诺环形山　富兰克林环形山　3 840　敖多克索斯环形山　波希多尼环形山　金牛山脉　4 500　马克罗比乌斯环形山 3 590　普利纽斯环形山 3 200　普罗克洛斯　孔多塞环形山　费尔米库斯环形山 2 550　哈勃环形山　戈达德环形山　奈培环形山

德朗布尔环形山 3 500　西奥菲勒斯环形山 6 800　谷登堡环形山　西里尔环形山 3 150　阿尔马农环形山 2 000　阿左飞环形山　罗芙利环形山　弗拉卡斯托罗环形山　皮卡洛米尼环形山 3 300　斯涅利博瑞环形山 3 400　伊里塔乌山 4 760　巴罗西科环形山 3 450

克里特纳环形山　哈伦环形山　拉彼鲁兹环形山　安斯加尔环形山　文德利努斯环形山　吉布斯环形山　赫卡泰乌斯环形山　巴厘束环形山　洪堡环形山　阿贝尔环形山

凝望月球

通过天文望远镜，你可以看到环形山和月球上的山脉

经验丰富的天文爱好者可能会嫌明亮的月亮妨碍观测，但上面也有许多令人赞叹的景象值得我们探索。月球是用双筒望远镜和小型天文望远镜进行观测的绝佳对象，尤其是在受光污染影响的地方。不用通过航天员的层层考核，你在家就能来一次近距离的月球之旅。

双筒望远镜

尽管没有天文望远镜那么强大，一副标准的 7×50 的双筒望远镜也能带你领略月球的众多迷人之处。你可以从观察月相的变化开始，随着月亮上的日夜交替，月盘上被照亮的部分也在不断变化，向你展现它丰富的细节。沿着月球的晨昏线——白昼与黑夜之间那条曲折的分界线观察，你能看到很多细长的阴影，那是环形山四周犬牙交错的山脊和中心高耸的山峰投下的。而当月亮接近或处于满月时，你可以寻找那些散布在深灰色月海上的明亮的小环形山。只要有稳定的视野，你甚至能看到直径仅有几十千米的环形山。在像第谷环形山和哥白尼环形山这些更大的环形山周围，你还能观察到明亮的像羽毛一样的辐射状

延伸阅读

由于月球公转与自转之间微弱的不一致，我们能观察到近60%的月球表面。

结构。

如果你在某些特定的日子用双筒望远镜观测月球，可能还会意外收获月亮与其他明亮的行星、恒星或星团的合影。月球偶尔会从深空天体前面经过，这一现象被称为"月掩星"，其原理与日食类似。在掠掩期间，当远处天体的光线擦过月球的可见边缘时，星光会变得忽明忽暗。掩星的准确位置和时间可以在国际掩星计时协会的网站查询。

天文望远镜

即使用倍率最小的望远镜瞥一眼，你也能立刻察觉到，在更古老、更明亮的高地与更年轻、更暗的月海之间，环形山分布的密度有明显的差异。观察月球细节特征的最佳时间并不是在满月时，那时的月球看起来像被粉刷过一样惨白。而当月亮变成新月时，月球晨昏线上会有丰富的细节。你可以把放大倍率调整到80～250倍之间，具体数值取决于大气观测条件。此时的月球表面会呈现大量的特征，从梯形的环形山、月谷到月脉和悬崖，足以让观星者为之疯狂。

延伸阅读

每个月的上弦月期间，你能够用望远镜观察到一个奇特的地貌现象，像一个小小的字母X，持续时间约有4小时。此时，环形山的底部完全处于黑暗中，阳光以合适的角度照射到环形山的坑壁，三个紧密聚集的环形山坑壁就会呈现这一视觉错觉。你可以从环形山密集的月球南面，沿着晨昏线，寻找"月面X"。

金星从月球后经过时，发生"月掩星"

人造卫星

在一个晴朗的夜晚，你极有可能会看到人造卫星从天空中划过。眼尖的人大约每15分钟就能看到一颗。业余爱好者观察卫星不需要借助望远镜，躺在地上或躺椅上就是最好的观测方式。和飞机不同，卫星沿直线飞行，并且不会有闪光和彩色的灯。

卫星追踪者

如果你想要了解人造卫星的观测时机，可以在网络上找到便利的预测服务。这类网站通常是面向观星新手的，可以帮助你追踪几十颗较亮的卫星，并根据你的具体位置预测出卫星的可见路径。只需提供你所在城市的名称，网站就能生成一份带有方向和海拔高度的推荐观测时间表。几天内的卫星预报能够精确到几分钟，但时间跨度更长的预测则无法如此精准，因为卫星的轨道会不断衰减，也会周期性地提升高度，国际空间站就是这样。所以在观测时，最好根据当天最新的精确预报进行确认。

在地面观测卫星

一般来说，搜寻卫星的最佳时间

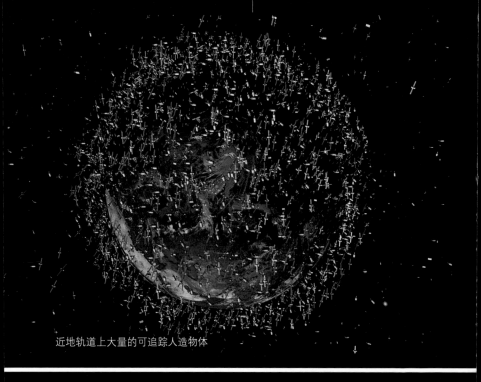

近地轨道上大量的可追踪人造物体

是日落后1小时左右。此时，地球开始在地面投下黑暗的阴影，阳光却仍然可以到达卫星轨道所在的高空，被像镜子一样的太阳能电池板或闪亮的金属表面反射回来，使得卫星从地面上看去就像一颗旅行的"星星"。这个时候，如果一架在高空飞行的飞机被刚刚落下的太阳照亮，我们也会看到同样的景象。仅几分钟后，卫星就会进入地球的阴影，瞬间从我们的视野里消失。

国际空间站快速过境

说起来有些离奇，你其实可以观察到相当多的间谍卫星，不过很难确定它们的具体身份。通常，它们出现在低空，按南北方向划过天空，仅有一两分钟可以看到。通过在穿过两极的轨道上高速多次穿行，这些卫星可以实现全球覆盖。

或许保密最差的间谍卫星要数显眼的"长曲棍球号"卫星。这些卫星飞行速度快，通常轨道较高，有反光的橙色隔热板，看起来就像是橙色的星星。

延伸阅读

卫星按照固定的计划表在轨道上运行，所以很容易预测它们下一次可见的飞掠。只需要在卫星跟踪网站上简单地输入你的坐标，就可以查到卫星从头顶飞过的时间。

太空垃圾

当退役的卫星在轨道上翻滚时，你可能会看到某些人造的闪烁光源，这意味着你在观测一些沿轨道运行的碎片，或者说太空垃圾。太空垃圾可以是废弃的航天器，也可以是各类人造物品的碎片，它们以约28 400千米每小时的速度穿行，可能会对拥挤的太空飞行带来实实在在的伤害。像卫星一样，太空垃圾在接近地平线时能够被我们看到，在随后的2～5分钟的时间内进入地球的阴影消失不见，这与陨石的坠落不同，陨石划过天空的时间仅有几秒钟。北美防空司令部跟踪了多达50万个污染地球周围太空的物体，大到公共汽车大小的火箭助推器，小到航天员在太空行走时带入太空的螺丝钉或锤子。

空间站

"卫星"可以指代任何环绕行星的物体。例如，我们的月球就是地球的天然卫星。首颗人造地球卫星是"斯普特尼克1号"，在1957年10月4日成功发射入轨。美国的首颗人造卫星"勘察者1号"在随后的1958年1月31日升空。"斯普特尼克1号"的成功发射标志着太空竞赛——一场苏联和美国之间的激烈竞争的开始。1971年，苏联率先建造了空间站，这是一个巨大的卫星，航天员可以在其中生活和工作很长一段时间。如今的国际空间站是美国、俄罗斯、日本、加拿大、巴西、法国等共16个国家共同参与的结果。

空间站是最容易观测的卫星，因为它的体积大，反射率高，轨道高度低。即使肉眼看来，空间站都很明亮，如果天气晴朗，在璀璨的城市上空都能看到它们。

国际空间站

国际空间站有足球场大小，以28 000千米每小时的速度在约420千米的高空巡航，可承载7名航天员。肉眼看起来，它就像一颗明亮的星星，以很快的速度自西向东飞过地平线附近，整个过程只有2～4分钟，所以你搜寻时一定要抓紧时间。

夏季，尤其是6月中旬左右，是

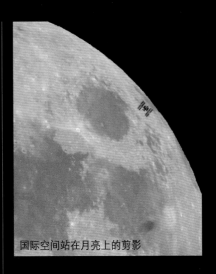

国际空间站在月亮上的剪影

在北半球高纬度地区观测国际空间站的好时机，因为它会多次过境。空间站沿环形轨道绕地球运行一周约需要90分钟，而在这个季节，它的轨道会紧紧沿着地球的晨昏线，所以一直沐浴在阳光之中。国际空间站将从黄昏一直亮到次日黎明，观星者们能够享受一场名副其实的定点马拉松，只要天气晴朗，可以在一晚上观测到国际空间站多达5次，让人印象深刻。而在其他时间里，国际空间站受阳光照射的时间只有70%左右，观测者一晚只能看到一两次。

中国空间站

2021年4月，中国空间站的天和核心舱从海南文昌航天发射中心成功发射入轨，中国空间站建设任务正式启动。中国空间站的亮度在微弱的4等到肉眼可见的明亮的1等之间，这使得它成了一个非常容易观测的目标。中国上一代的空间站"天宫一号"退役后，于2018年4月被送回地球，在重返大气的过程中被销毁。

拍摄凌日

对于天文爱好者来说，科技的进步意味着你可以通过业余望远镜或焦距够长的相机来观察、跟踪和拍摄国际空间站。203~254毫米（8~10英寸）口径的望远镜就可以让你看到空间站的一些结构细节，如太阳能电池板和停靠的货运飞船。聪明的天文爱好者甚至想出了如何捕捉卫星在满月或太阳前飞掠的照片。

要做到这一点，你需要合适的装备，包括计算机控制的望远镜、相机和卫星追踪软件。当你从数据库中选定想要观察的卫星后，望远镜将自动移动到正确的位置，锁定在卫星上，持续跟踪它，直到它消失在地平线上。拍摄的时机非常珍贵，因为国际空间站只需三分之一秒就会穿过太阳或月球的盘面，可见带也很窄，只有几千米宽，这使得拍摄国际空间站更加困难。最可靠的方式就是在它快速穿过月球或太阳盘面时，进行快速的连续拍摄。

一艘货运飞船停泊在国际空间站

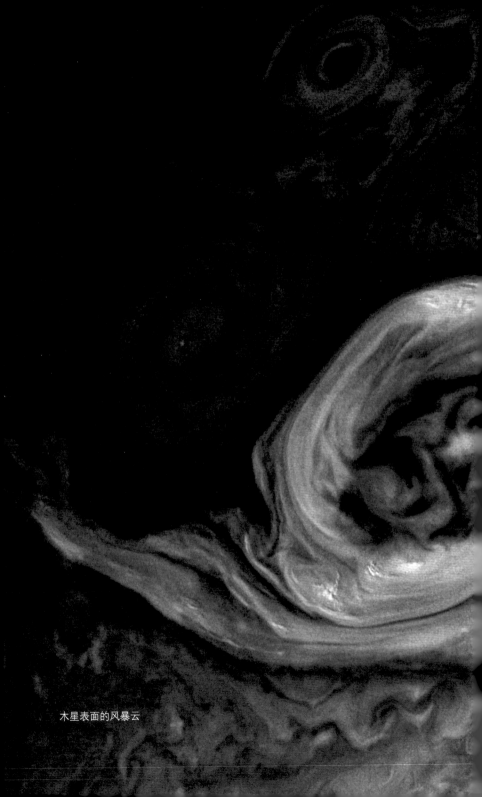

木星表面的风暴云

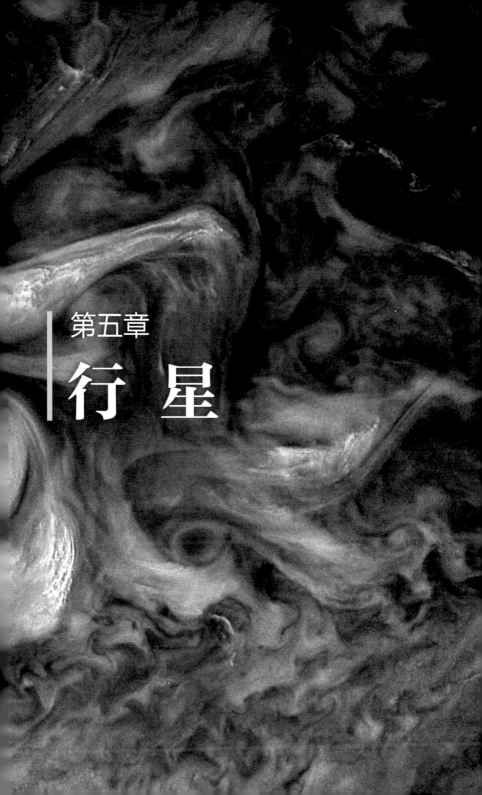

第五章

行　星

太阳系

太阳

彗星

水星　金星　地球　火星

木星

土星

天王星　海王星

小行星带

延伸阅读

该怎么记住太阳系行星的次序（水星、金星、地球、火星、木星、土星、天王星、海王星）呢？你可以试试这句顺口溜：太阳系，水晶球（谐"水""金""球"，指水星、金星和地球），火带木（指火星和后面的木星），土填海（"填"谐音"天"，指土星、天王星和海王星）。

顾名思义，太阳系的主角是太阳。太阳的引力维系了整个太阳系的结构，为地球上的生命提供能量，太阳占了太阳系质量的绝大部分，剩下的天体仅占约0.14%。但这一小部分仍然包括各种各样的天体，占据了直径约10万个天文单位（1个天文单位约为太阳到地球的平均距离）的空间，从灼热的最内层行星，穿过散落在行星际空间的尘埃盘，最后到冰冻的外层。

行星

太阳系中除了地球、太阳、月亮，最容易定位的天体就是行星了。它们之间的距离也很遥远，水星距太阳不足5 800万千米，而海王星的平均轨道距太阳可达45亿千米。由于太阳系形成的动力学原因，所有行星都在黄道面附近，沿着太阳星云旋转的平面运行。和它们一起运行的还有几十颗卫星，尤其在木星这样的气态巨行星周围，其中很多都是望远镜观测的上佳目标，甚至可以用双筒望远镜观测。最内侧的两颗行星受到太阳巨大引力的影响，无法保持住自己的卫星。

小天体（彗星、小行星、流星体）

太阳系的外边缘是遥远的奥尔特云，由数以十亿计的飘荡着的冰球组成，当它们离开原有轨道时，形成火一般的彗星，快速穿过太阳系。奥尔特云是我们太阳系的三个彗星诞生地之一，另两个彗星诞生地是柯伊伯带及其外部延伸的散射盘，它们离太阳更近。柯伊伯带和散射盘是由冰、岩石碎片和接近行星大小的天体组成的区域，它们开始于海王星轨道之外，延伸到离太阳1 000个天文单位的地方。

往太阳系里面走，在火星和木星之间的5.47亿千米宽的空隙里，散落着太阳系早期遗留下来的小行星和岩石碎片。"小行星带"是类地行星和气态巨行星之间的边界。在这个范围内，木星巨大的引力场阻止了其他行星的合并和形成，只留下散落的碎片，相互碰撞，相互粉碎，形成更小的碎片。

最亮的小行星可以用双筒望远镜观测，但我们更常看到的小行星，其实是那些燃烧着穿过地球大气的流星体。那些落在地面上的流星体残骸就是陨石。

行星是什么？

古希腊人想知道为什么有些星星会在天空中漫步，有时从天空中消失，然后又在一年中的其他时间里回来，他们把这类星星称为"流浪的星星"。罗马人认为这些明亮的光点是神明，他们的名字至今仍流传着——战神马尔斯（火星）和爱神维纳斯（金星）。如果古希腊人知道木星有几十颗卫星，或者在遥远的柯伊伯带盘旋的冰质碎屑，他们可能会放弃宇宙是一个光滑完美有序的球体的观念。

行星资格

我们现在知道行星不是恒星，它们的闪耀是因为反射了太阳的光芒。相对于那些遥远的恒星，行星位置的变化更为明显，这是它们围绕太阳公转的结果。关于冥王星分类归属的争论也催生出了一个行星的新定义，将行星与太阳系中的其他天体区分开，也认定了冥王星不再是行星。

延伸阅读

三个天体排成一条直线的现象，如日食或月食，被称为"冲"或"合"，一般也被统称为"朔望"。

21世纪初，在遥远的柯伊伯带发现了类似行星的天体，这使得国际天文学联合会为正式的行星设定了三个标准。首先，行星是围绕太阳运行的天体。其次，由于自身的引力作用，它们的形状大致是圆形的。最后，它们的质量足够大，足以清除轨道上的碎片。冥王星并不能清除轨道上的太阳系碎片，因而被降级为矮行星。

尽管对行星有了全新的定义，关于地球和太阳系内的其他7颗行星同伴，以及各自的卫星或行星环，还有太阳系其他居民，仍有很多谜团等待着我们去解开。尽管有约10%的恒星都有行星，但是像太阳系这样拥挤

行星地球

系外行星绕其恒星运转的示意图

系外行星是围绕太阳以外的恒星运行的行星。我们已经将4 000颗系外行星编列入目了。借助开普勒空间望远镜等技术，我们对太空的观察逐渐深入，我们发现的就越多，开始怀疑太阳系是否像我们以为的那样独特。天文学家估计，银河系中可能有几百亿颗像地球一样具备孕育生命的客观条件的行星。

的还是非常少见的。

起源

　　太阳系中的大多数天体都有共同的起源：最终形成太阳的太阳星云。随着太阳星云的旋转，中心形成了圆形的"太阳胚胎"，周围则是宽而平的尘埃气体盘。原始太阳的中心压力不断增加，引发了核聚变，开启了太阳的生命周期。

　　与此同时，留在太阳周围的物质开始演化成独立的天体。小块的岩石和冰块粘在一起，吸积形成星子，然后不断积累质量，最终长到行星大小。气体云被吸引到它们周围的轨道上。离太阳越近，天体的密度就越大，岩石成分就越多，大气就越少或者没有大气。这些天体也就是我们现在所知的类地行星：水星、金星、地球和火星。在更远的地方，太阳的蒸发作用不强烈，大量的气体云聚集在岩石和冰组成的核心周围。其中，木星和土星是由最轻的气体包裹着小的岩石或液体核组成的。在太阳系更远的地方，冰质巨行星（天王星和海王星）由稍重的气体组成。

观测行星

观测行星所需要的精力和设备取决于你的观测目标和想要达到的观测精度。金星是天空中仅次于太阳和月亮的第三亮的天体，可以用肉眼看到，木星也同样如此。土星肉眼可见，但想要看到土星环，则需要一架口径超过76毫米（3英寸）的望远镜。在双筒望远镜中，木星的卫星是像恒星一样的亮点，要想观察这些卫星所在的行星环，就需要借助一台口径至少为64毫米（2.5英寸）的望远镜。寻找遥远的海王星需要望远镜、星表或软件，并练习如何将它从夜空中识别出来。

延伸阅读

其他行星甚至是它们的卫星上也有极光，就像地球两极的极光一样。

金星
火星
木星

金星、火星和木星可以用肉眼观测

寻找行星的资源

星表、历书和其他资源能帮你确定最佳的行星观测时间。天文出版物通常会按月排列出行星所在的黄道位置。你可以翻到第276页的附录，以这种方式来定位行星。

经验法则

即使不借助设备和星表，只要知道观测的方位和时间，你也可以对行星进行观测。水星是离太阳最近的行星，只有在黄昏和黎明时才能看到。金星比水星明亮得多，在天空中的位置也更高一点。

水星和金星的轨道在地球的轨道以内，称为内行星。它们在一个公转周期里会消失两次，一次是在它们经过地球和太阳之间的时候（即下合），另一次是在它们运行到太阳后面与地球相对的一点时（即上合）。外侧行星（即火星及轨道在火星之外的太阳系行星）可以出现在黄道上的任何地方。观测行星的最好时机是当地球经过行星和太阳之间的时候，这种情况被称为冲日，此时它们被太阳照亮的一面正朝向地球的夜面，几乎整晚都可以看到。除火星之外，其他外侧行星大约一年发生一次冲日，而火星的轨道周期更接近地球，因此观测的时机更难得。

火神星的故事

1846年海王星的发现开启了人类对另一颗行星的寻找——一颗被认为引起了水星轨道变化的行星。曾预测到海王星存在的天文学家让·约瑟夫·勒威耶计算得出，一颗与水星大小相当、距离太阳要近一半的行星可能是造成水星偏离的原因。1859年，他宣布发现了一颗新的行星，叫作火神星，它每20天绕太阳转一周。后来证实他观测到的其实是太阳黑子。直到20世纪初，爱因斯坦建立广义相对论后，水星进动的现象才得到了解释。

水星

符号：☿
半径：
2 439.7 千米
质量：
0.055 倍地球质量
与太阳的距离：
57 909 175 千米
公转周期：
88 天
自转周期：
59 天
卫星数量：
无
星等：
最亮时可达 −2.48

水星是太阳系最小的行星，也是离太阳最近的行星。水星离我们很近，用肉眼就能看到，但是很难看清。它到太阳的距离还不到地球的一半，约 0.39 个天文单位，每 88 天绕太阳一周，这意味着它经常被太阳耀眼的光芒掩盖。一年之中，水星至少会出现 6 次，要么是日落后出现在西边的低空，要么是日出前出现在东边的低空。水星很小，而且正在不断变小。关于水星地壳的研究表明，与 40 亿年前相比，水星的直径减小了多达 14 千米。由于水星的引力微弱，太阳风和微陨石的猛烈撞击使水星表面的物质飘浮到太空中，在水星后面形成了彗星一样的尾巴。

水星表面

在 20 世纪 70 年代中期之前，人们对水星表面知之甚少。"水手 10 号"探测器拍摄的照片向我们展示了一个贫瘠的、布满陨击坑的岩石行星。水星的分层方式很独特。

延伸阅读

2011—2015 年，美国国家航空航天局的"信使号"水星探测器揭示了水星的表面成分和内部结构：它的内部磁场偏离了行星的中心，它极地的沉积物主要是水冰。

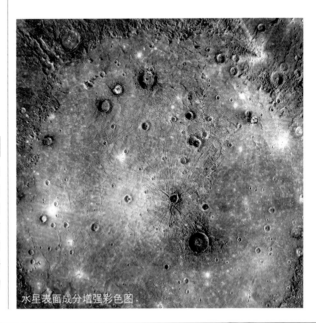
水星表面成分增强彩色图。

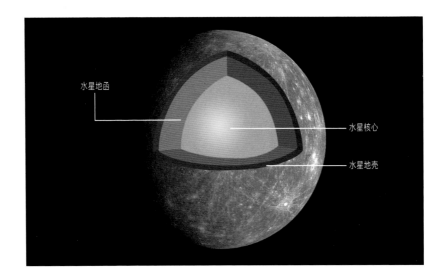

水星地函

水星核心

水星地壳

它没有大气，是一个温度非常极端的地方。在赤道附近，白天的温度可高达432℃，晚上则低至-172℃。它那巨大的铁核约占总质量的75%。

水星观测

　　水星的最佳观测时间是秋天和春天，此时黄道相对于地平线的角度最大，这颗微小的行星与太阳的距离也达到了最大。对于北半球的观测者来说，3月、4月的晚上和9月、10月的早上是最佳观测时间。

　　如果天气配合，地平线清晰无遮挡，人们可能连续三个星期都能看到这颗行星，随着它向合日继续运行，水星也就从我们的视野中消失。但在地平线附近，有可能出现大气湍流，此时的水星看起来只是一个晃动的斑点。水星同样存在相位变化，当它绕太阳运行并赶上地球时，会从凸相变为弦月相，然后是新月相。双筒望远镜能帮你在黄昏的天空中观察到水星，但观测水星的相位就需要天文望远镜了。

延伸阅读

在罗马神话中，墨丘利是个为众神送信健步如飞的信使，与他同名的水星（英文为mercury）以近50千米每秒的速度运行，比太阳系其他行星都要快。想要在黄昏或黎明的天空中寻找水星，最好的办法是在一个地平线视野开阔的地方，用双筒望远镜扫视低空。

金星

符号：♀

半径：

6 051.8 千米

质量：

0.82 倍地球质量

与太阳的距离：

108 209 475 千米

公转周期：

225 天

自转周期：

243 天

卫星数量：

无

星等：

最亮时可达 −4.7

金星

金星的质量和大小都很接近地球，它绕太阳公转的轨道周期约225天，因此很长一段时间里，金星都被认为是地球的姐妹，也许是一颗郁郁葱葱、有着热带气候的行星，正等着我们去发现。但这颗以罗马爱神命名的行星其实充满了危险。

行星表面

金星是太阳系中最热的行星，其表面的平均温度超过460℃。虽然和水星相比，金星离太阳的距离更远，但金星的表面温度比水星高，且基本不会随昼夜或两极而变化。这是由一种强大的温室效应造成的，金星稠密的大气以二氧化碳为主，将太阳的热量困在其中。

金星上的硫酸云能反射和散射掉大量的光线，使得金星非常明亮，同时也将它的表面隐藏了起来。我们对金星表面的了解都来自空间探测器，以1962年美国的"水手2号"为开端。金星的大气环流以约96小时绕金星旋转一周的速度运动，在金星的两极产生了巨大的、形状变化的旋涡。含金属的"雪花"落在了金星的火山活动形成的

延伸阅读

金星最亮时，其亮度是木星的8倍，是火星的23倍，即使你从未有过观星的经历，都能轻易地观测到金星。

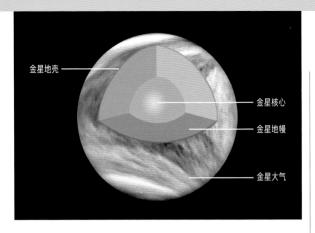

金星地壳

金星核心

金星地幔

金星大气

巨大凹坑之中，金星的平均气压大约是地球的90倍。

金星的观测

作为两颗内行星之一，金星总是在日落后和日出前的几小时出现，不会离太阳太远。金星靠近地球，公转周期也和地球相近，在夜间的特定时段里经常能观测到金星。

黄昏时分，金星低垂在西方天空的地平线上，呈现最小最暗的状态。随着金星继续前行，从地球上看，它离太阳越来越远，在天空中的位置也越来越高。当金星到达东大距（离太阳最远的角度）时，它将达到最高点，变成之前大小的两倍多，达到最亮的-4.7等。

随着金星逐渐从后面超过地球，它变得越来越大，越来越亮。如果你用肉眼观测，这种亮度将掩盖金星的类似月相的相位变化。在金星的两次大距时，它有一半是被照亮的。大致每18个月，金星接近下合，通过双筒望远镜可以看到新月形的金星，如果你视力好的话，甚至用肉眼就可以看到，然后金星会从地球和太阳之间经过，从我们的视野中消失。

当金星在其轨道上超过地球时，它就变成了晨星，在日出前升起，且每天出现得越来越早，位置也越来越高，直到到达西大距，最终抵达上合，再次消失不见，进入下一个循环。

 金星凌日的故事

大约每243年，金星的轨道会穿过日面4次。最近的一次凌日是在2012年，而且在2117年之前不会再发生。18世纪60年代，这一罕见的凌日现象激励了英国皇家学会派遣了一个团队到南半球观测，英国海军部任命詹姆斯·库克为"奋进号"三桅帆船的船长。他的另一项任务是寻找被认为存在的"未知的南方大陆"，他抵达了新西兰和澳大利亚部分地区并绘制了大量地图。

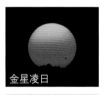

金星凌日

火星

符号：♂

半径：

3 389.3 千米

质量：

0.11 倍地球质量

与太阳的距离：

227 943 827 千米

公转周期：

687 天

自转周期：

25 天

卫星数量：

2 颗

星等：

最亮时可达 −2.91

载人火星之旅一直是世界各国航天机构的奋斗目标。对于这样一项长达 900 天的往返任务，其中的风险和需要的后勤保障难度不言而喻，这样的旅行可能还需几十年才能实现。自 20 世纪 60 年代以来，人们已经发射或尝试了 50 多枚无人探测器，火星是人类访问最频繁的一颗行星。

火星表面

1965 年，第一个飞掠火星的探测器"水手 4 号"，揭示了火星地表一片贫瘠的岩石地貌，这布满灰尘的表面主要由硅酸盐、硫酸盐和铁氧化物构成，赤铁矿正是其地表铁锈色的原因。火星的大气很稀薄，不到地球大气的百分之一，主要由二氧化碳构成。火星很冷，平均温度为 −63℃。它的南半球是坑坑洼洼的高地，北半球是平坦的平原。和地球一样，火星也有季节和天气。沙尘暴和云层在这个星球上四处移动，两极有终年不化的冰盖，其面积随季节变化而收缩或扩张。

这颗红色星球被沙漠所覆盖，在某些地区还有被风吹拂的沙丘。火星拥有太阳系中最独特的地形奇观。在赤道地区，有一处由巨大火山组成的火山高原，叫作塔尔西

延伸阅读

火星的两个卫星，火卫一和火卫二，在希腊语中是"恐惧"和"惊慌"的意思，呼应了火星强大的风速。

火星

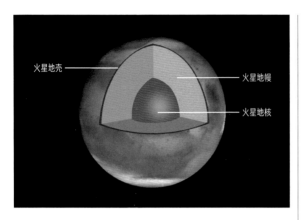

火星地壳

火星地幔

火星地核

斯。由于火星没有板块构造运动，许多火山在数十亿年的时间里始终处在同一个热点上，新喷发的熔岩覆盖在先前的火山山体之上，层层堆叠，最终形成了庞大的体态。奥林帕斯火山是太阳系中最大的火山，高度为21.2千米，是珠穆朗玛峰的两倍多。火星上的大多数火山已经熄灭，但仍有少数表现出近期活动的诱人迹象。

同样位于赤道附近的还有令人印象深刻的水手号峡谷群，这是一个长度约4 000千米的巨大峡谷网。亚利桑那州的大峡谷很容易就能塞进它的一个小支流裂缝里。

随着火星上广阔冲积平原和浅海的证据逐渐积累，现在的理论认为，40亿年前的火星可能与地球类似，有着更厚的大气和大量的地表水。来自火星探测器的证据表明，火星上有沉积岩，以及只有在稳定水体中才能形成的矿物。如果是这样的话，火星上到底发生过什么？如果火星上没有发生过任何地质作用，火星的大气可能会比现在的更冷、更稀薄。火星上的水可能已经渗进了地下，形成了冰冻的水库，这可以解释为什么现在的火星基本上是一个冰冻、干燥的世界。

星空守望者：帕西瓦尔·罗威尔

美国天文学家帕西瓦尔·罗威尔以近代天文学家最富想象力的错误判断而闻名于世。他认为火星表面模糊的线形痕迹是一种高级文明建造运河的证据，并大力推广这一观点。罗威尔在《火星和它的运河》一书中发表了他的理论，但他的观点没有被接受，最终在1965年"水手4号"首次发回火星表面照片后销声匿迹。为什么说是运河呢？这一说法可能始于对意大利天文学家乔瓦尼·斯基亚帕雷利著作的翻译。斯基亚帕雷利在1877年发现了火星上网格状的线条，并将其称为"水道"，原意是指地面上的自然通道，而不是人造结构，但在翻译成英语时，被误译为"河道"。

罗威尔的火星地图

火星冲日

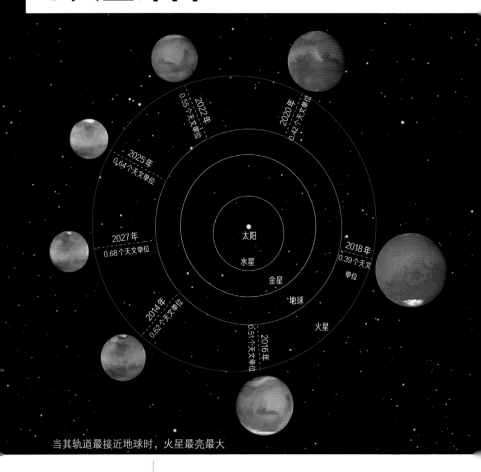

当其轨道最接近地球时，火星最亮最大

延伸阅读

可以使用橙色或红色的目镜滤光片来增强火星较暗的斑点的观测效果。

从很多方面来看，火星都是地球最近的表亲。它与黄道面之间有相似的倾斜，因此会经历季节和天气的轮回。火星的自转轴倾斜程度和地球差不多，但它的轨道是椭圆形的，而不是圆形的，且与黄道面存在夹角。因此，它的季节有不一样的长度，南北半球也不相同。

火星的观测

火星可以用肉眼看到，但它的视大小和亮度在其687

天的轨道周期里变化显著。用肉眼观测时，只能看到火星呈淡红色，但在一个中等大小的望远镜里，比如口径102～152毫米（4～6英寸）的反射式望远镜，你可以看到火星有明显的明暗区分，这取决于它的哪一面朝向地球。暗色区域中有大瑟提斯平原和希腊盆地，白色区域中有冰冻的极地冰盖甚至一些水冰云层。你甚至有机会观测到火星上移动的沙尘暴。

观测时机

　　火星冲日是最好的观测时机。此时地球位于火星与太阳之间，火星看起来最大最亮。因为它的轨道与地球很近，与气态巨行星相比，火星冲日并不频繁，两次冲日的间隔约为780天，而且每次冲日都并不相同。由于这颗红色行星的更长的椭圆形的轨道，它与地球的距离大约每隔17年到达最小，约为5 600万千米，此时它位于近日点（离太阳最近的点）。

　　火星在穿越天空的旅程中，有时会短暂地停一下，然后向后移动，这叫作逆行现象。火星每次出现在东方地平线附近后，都会在日出前升起，逐渐远离太阳，在天空中越来越高。当地球在轨道上赶上火星时，火星的运动似乎停止了，然后开始大约3个月的西行。在进入冲日后，火星将继续向东移动，在最后被太阳的强光吞没之前，它在傍晚的天空中越来越低。

火星生命的科学

到目前为止，还没有发现火星上过去或现在存在生命的确凿证据。然而，在2012年，美国国家航空局的"好奇号"火星探测器降落在一个巨大的陨击坑中，那里在数十亿年前，曾是由溪流汇成的湖泊，在那里发现了一些矿物、黏土和砾岩，这些与地球上有水长时间流动的地方的沉积物一样。今天的研究成果认为，"好奇号"火星探测器降落的盖尔陨击坑曾经是一个湖，很可能充满了化学成分简单的物质，是孕育简单生命的理想之地。

"好奇号"火星探测器自拍照

小行星和矮行星

火星与木星之间这片将类地行星与气态巨行星隔开的区域，主要由数百万的岩石天体占据。这些岩石天体也被称为小行星，它们受到木星的影响，并未合并成一颗行星。

关于小行星

在太空大量的小行星中，有超过62万颗已被编目，其中绝大多数位于小行星带。有超过21 000颗小行星已经命名，这些名字来自伴侣、宗教和最喜欢的作家等。甲壳虫乐队的每个成员都有一颗以他们的名字命名的小行星。

太空中可能有数百万颗小行星。虽然它们小到难以观测，但我们可以通过其他方式得知它们的存在。小行星带的天体经常会碰撞，它们的碎片偶尔会飞向地球，在大气燃烧形成流星。有时它们甚至会到达地球表面形成陨石。

在木星轨道上，有几个小行星聚集的区域，其中分布着特洛伊型小行星。谷神星平均直径约为945千米，它已不再被视为小行星了。2006年，国际天文学联合会设立了矮行星这一类别，将其定义为与其他天体共享轨道的类行星天体，谷神星也被升级为矮行星。

与另一颗小行星相撞的冲击在灶神星表面留下了长长的沟槽

矮行星灶神星

观测小行星

　　一些小行星可以用双筒望远镜观测。理论上，用口径76毫米（3英寸）的望远镜能够观测到数百颗小行星，但在实际操作中，完全是另一回事。天文学出版物会将那些主要小行星的数据和方位列出，也就是星历表。请记住，这些天体的光非常微弱，与周围的恒星难以区分。当你在天空中找到了正确的区域，有两种方法可以把它们找出来。你可以使用低倍率目镜，绘制或拍摄你所看到的景象，并将其与晚些时候或第二天晚上的观测结果进行比较，以辨别有哪些天体在"固定"的恒星背景下移动过。或者，你可以将看到的夜空与星图比较，那些星图上没有但看起来像恒星的就是小行星。

　　观测那些与地球交汇的小行星飞掠地球是一件非常令人激动的体验。尽管小行星非常暗淡，但当它们从恒星前经过时，还是可以用望远镜观测到它们的运动。追踪这一现象最好的办法就是密切关注网络上关于小行星未来近距离交汇的最新消息。

星空守望者：朱塞佩·皮亚齐

18世纪末，天文学家正在火星和木星之间的太空中寻找一颗行星。最终，是一位意大利天文学家发现了那颗人人都在寻找或至少他们认为存在的天体。1801年，朱塞佩·皮亚齐在西西里岛的巴勒莫天文台进行观测，发现了一个类似行星的天体。它被命名为谷神星，但对它的大小、形状以及在许多类似天体中存在的疑问，最终使人们把它归为最大的小行星，直到2006年它被重新划分为矮行星。

木星

符号：♃
半径：
69 911 千米
质量：
317.82 倍地球质量
与太阳的距离：
778 340 821 千米
公转周期：
12 年
自转周期：
10 小时
卫星数量：
95 颗
星等：
最亮时可达 −2.9

木星到地球的距离大约是金星的 15 倍，但在它最亮的时候，看起来几乎和金星一样又大又亮。幸运的是，木星的轨道周期为 12 年，这使得它可以在每个星座停留一年左右。木星和它的 95 颗卫星组成了一个"微型太阳系"，4 颗最大的"行星"——木卫一、木卫二、木卫三和木卫四——可以用双筒望远镜观测到。它们于 1610 年被伽利略首次发现，因此又被称为"伽利略卫星"。

行星表面

木星大到足以吞下 1 200 个地球，其质量是太阳系其他所有行星总和的两倍。总之，它的大小、轨道和不断变化的大气使得木星成了最受观星者欢迎的行星之一。

我们还没有看到过木星的固体表面，可见的只有数千千米厚的翻滚的云层。向下穿过木星的大气，强大的压力产生了一个金属氢区，包围着这颗行星的岩质的、熔融的铁核。在这种介质中，旋转的电流形成了巨大的磁场，产生了强烈的无线电辐射和有规律的射电爆。木星捕获了

木星在银河系照亮的天空中闪闪发光

木星

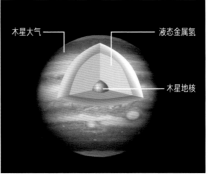

木星大气 ——— 液态金属氢

木星地核

来自太阳和木卫一的带电粒子，从而形成了一个强烈得多的磁层，其形状类似于环绕地球的范·艾伦辐射带。

木星的观测

　　肉眼看来，木星就像一颗超级明亮的恒星，但小型天文望远镜放大20倍后的细节就能揭示出它那不透明的大气。可以试试用口径127毫米（6英寸）或更大的望远镜观测。木星以10小时一周的速度快速旋转，在氢、氦、甲烷和氨组成的厚厚的大气云层中产生了旋转的风暴，形成了细细的、彩色的条纹。其中最显著的是赤道两侧的两条深红棕色条纹，被称为赤道带。条纹之间较浅的区域被称为赤道区，这是氨晶体组成的云层，它遮住了较暗的下层。在赤道带和赤道区的交界处，产生了巨大的气旋风暴，在更高的放大倍率下可以看到黑色或白色的斑点。

　　这些持续的风暴让木星更加壮观。最著名的风暴是大红斑，这是一片约为地球两倍大的高压区域。大红斑是赤道下方的一个圆形斑块，它的大小在不断变化，但始终可见。即使斑点消失了，邻近云带弯曲处还是会形成一个红斑穴。在望远镜的目镜上加上浅蓝色滤光片，可以使木星大气条纹之间的界线更清晰，而黄色和橙色的滤光片将有助于显示其他细节。

巨大的木星也有些不足。与土星和天王星一样，它也有一个行星环，这是"旅行者1号"探测器首次发现的。但与其他行星的行星环相比，这个行星环又小又薄，只有约6 500千米宽，对于"行星之王"来说只是一顶小小的王冠。

木星的卫星

木星和它的卫星

作为这个"微型太阳系"的绝对之王，木星统治着它的整个卫星家族，体现了它的神圣地位。四颗最大的卫星已经成为科学探索的焦点。木卫一是太阳系中火山活动最活跃的地方，有数百处持续喷发。木卫二被破裂的冰层包裹着，天文学家怀疑冰层下隐藏着一片咸水海洋。木卫三是太阳系中最大的卫星，其古老的、布满陨击坑的表面之下可能还隐藏着一片地下海洋。木卫四和木卫三一样，也有大量的陨击坑。

观测伽利略卫星

你可以用双筒望远镜观测这些较大的卫星，你的双筒望远镜肯定比伽利略1610年第一次发现它们时用的望远镜要好得多。你可以很容易地用7x或8x的望远镜看清外层的卫星，用10×或更大的望远镜可以观测到所有4颗伽利略卫星。木卫一是离木星最近的卫星，移动速度最快，在一两个小时内就能看到它的移动。

你需要拿稳你的双筒望远镜，当然更好的办法是安装一个双筒望远镜支架来防止抖动。经过几个晚上连续的观察，你会发现这4颗卫星并非总是可见。它们在不断运动，不断改变位置，因为它们在自己的轨道上一直在绕着行星旋转。当这些卫星围绕木星运行时，可能出现在行星的正前方，也可能在后方。借助一台口径152～203毫米（6～8英寸）的中型天文望远镜，你在后院也可以追踪到这些卫星在木星云层顶部投下的影子。

有时，木星伽利略卫星的轨道面会碰巧与我们的视线对齐，这意味着，当卫星的影子投射到它们的邻居的盘面时，会出现掩食。你可以试着像伽利略一样画出你所看到的图像，再画出卫星的运动轨迹。先画出这颗天体的盘面，然后在接下来的几个晚上，精准地描绘出卫星在其上面或周围的位置。

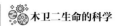

木卫二生命的科学

根据1989年从"亚特兰蒂斯号"航天飞机上发射的"伽利略号"木星探测器收集的数据，人们对木卫二上是否存在生命提出了疑问。木卫二的表面是一层几千米至几十千米厚的冰层，覆盖着其下97千米深的咸水海洋。木卫二的咸水海洋被木星和邻近的木卫一、木卫三的引力拖曳，形成潮汐，使海洋的内部保持温暖。木卫二有一层主要由氧构成的非常稀薄的大气。木卫二的海洋中含有水和矿物质，是我们所知的生命所需的必备要素。

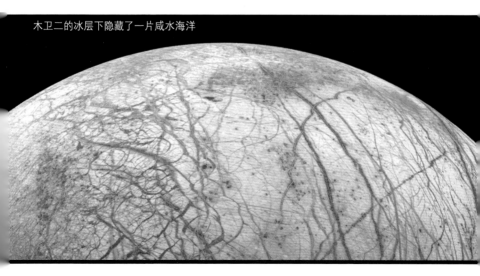

木卫二的冰层下隐藏了一片咸水海洋

土星

符号：ħ

半径：

60 268 千米

质量：

95.15 倍地球质量

与太阳的距离：

1 433 449 370 千米

公转周期：

29.5 年

自转周期：

10.7 小时

卫星数量：

146 颗

星等：

最亮时可达 −0.24

延伸阅读

木星上有大红斑，土星上有大白斑。大白斑是土星表面的巨大风暴，大约每30年出现一次。

　　土星是古代天文学家观测到的最远的行星，肉眼很容易就能看到。土星沿周期29.5年的轨道运行，古美索不达米亚的天文学家称它为"天空中的老羊"。

　　但现在土星是太阳系中最突出的行星之一。虽然比木星小，但它的质量是地球的约95倍，直径是地球的近10倍。土星上的一天只有10.7小时，这种极快的自转使得土星在两极方向上稍扁平一些。与此同时，这颗行星的行星环由冰粒子组成，厚度极薄，只有几十米，但直径可达27.4万千米。土星环是天文爱好者们寻找的首选目标之一。

土星表面

　　对于观测者来说，你能观测到的只有土星的大气。土星的核心由岩石和冰组成，外面包裹着液态氢层，再外面则是氢和氦构成的浓厚云层，云顶覆盖着冰晶形成的冷雾。东西方向的风造就了土星上的独特条纹，这些条纹的形状与木星上的类似，但是呈浅黄色和白色的柔和色调。然而，在肉眼看不见的近红外光下，土星呈现出令人眼花

红外光（上）和自然光下的土星

缭乱的色彩。美国国家航空航天局的"卡西尼号"探测器捕捉到了北极周围的一个巨大气旋，它的风眼比地球上的大20倍。

观测土星

天文年历和星图会提供土星的位置和升落时间。它在黄道上的每个星座内都会停留两年以上。肉眼看时，土星是一颗明亮的淡黄色的星星，但要想看到这颗行星的更多细节，望远镜是必不可少的。土星在冲日时，看起来不到木星的一半大小。

用双筒望远镜看不清土星环，但用小型天文望远镜可以，口径152毫米（6英寸）的望远镜可以看到土星的3颗卫星和一些表面细节。请记住，随着地球和土星围绕太阳运行，土星环的外观确实会发生变化。在冲日期间，土星会在土星环的一侧投下阴影。

像地球一样，土星的赤道面与黄道之间有夹角，当它斜向我们时，我们看到的是广阔的土星环顶面。当土星向远离我们的方向倾斜时，土星环的另一边就会显现出来。但大约每隔14年，土星环就会侧面朝向地球，几乎从我们的视野中消失。这一现象下一次将在2024年或2025年出现。

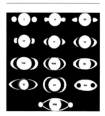

土星耳朵的科学

当伽利略在1610年第一次观测土星时，他观察到土星的侧面有一些凸起，看起来像卫星。两年之后，它们消失了，四年后又以两个大椭圆的样子出现了。他把观测到的这些变化记录在笔记中，但他没能解开这个谜团。大约40年后，多亏了更强大的望远镜，克里斯蒂安·惠更斯解开了这一谜团：土星周围有一个土星环，与黄道面之间存在夹角，随着土星在轨道上运行，我们对土星环的观测角度随之改变，从而导致了外观上的变化。

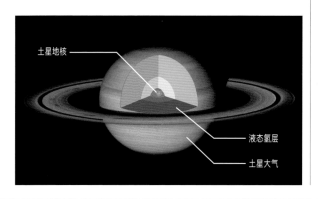

土星地核 ——

—— 液态氢层

—— 土星大气

土星环和土星的卫星

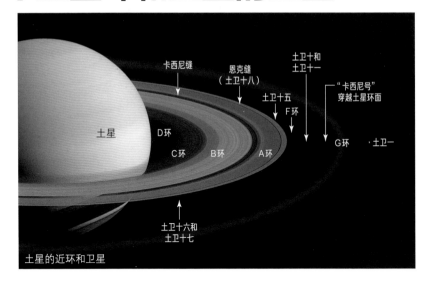

土星的近环和卫星

图中标注：卡西尼缝、恩克缝（土卫十八）、土卫十和土卫十一、"卡西尼号"穿越土星环面、土卫十五、F环、土星、D环、C环、B环、A环、G环、土卫一、土卫十六和土卫十七

延伸阅读

土星环之中有多个不同宽度的黑色缝隙。借助望远镜，观星者可以很容易地观测到土星环之间的巨大空隙，称为卡西尼缝。卡西尼缝是土星环外层的A环和又宽又亮的B环的分界。两个环都在与卡西尼缝的边界处更亮。B环旁边的是较暗的C环，很难看到。在主环结构中还发现了更多弥散环D环、E环、F环和G环。

从1979年的"先驱者11号"探测器飞掠到2004—2017年的"卡西尼号"探测器，这些探测器帮助我们近距离研究土星，解开了诸多谜团。土星环由大量冰粒组成，其中小的就像冬天的冰雾，大的则像房子一样大。

美国国家航空航天局的"卡西尼号"还揭示出，土星环是由数千个明亮狭窄的小环组成的，看起来很像老式留声机上的同心凹槽。"卡西尼号"实际上穿过了环平面（在F环和G环之间），发现卡西尼缝包含的泥土比冰要多一些。这些物质看起来与土星的卫星土卫九表面发现的物质相似，这使人们相信，土星环是之前附近的卫星或彗星和小行星的粉末残骸。

土星的卫星

通过小型天文望远镜可以看到土星的6颗卫星：土卫六、土卫三、土卫四、土卫五、土卫八、土卫二。土星最大的卫星是土卫六，甚至比月球还要大，是太阳系中唯一拥有自己大气的卫星。它被液态碳氢化合物覆盖，有一个很像地球的表面，包括液态甲烷的湖泊和海洋。一些科学家们甚至认为它可以孕育外星生命。

土星总共至少有146颗大小和组成不同的主要卫星。在土星环之间的缝隙中是牧羊犬卫星，这是一种能有效地聚集土星环内粒子并使它们保持在环内的小卫星。牧羊犬卫星沿着环的边缘运行，产生引力拖拽，将粒子锁定在相对位置，从而形成边缘清晰的环。

土卫二的科学

土卫二是土星的第六大卫星，由于其活跃的地质活动，它成为最具科学价值的卫星之一。这颗直径505千米的卫星上有一片古老的陨击坑区域，覆盖着冰，这使它成为太阳系中反射率最强的天体。在陨击坑与更平整、更新的天体表面之中，充满了新的断裂和70多个喷涌的间歇泉。这些间歇泉以1 300千米每小时的速度将盐水和有机物喷向空中，不断喷洒到卫星表面。这一特征提供了令人信服的证据，证明下面有一个水库。

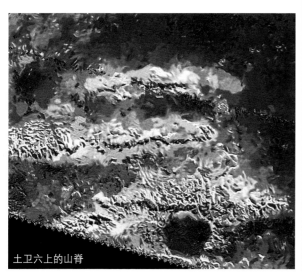

土卫六上的山脊

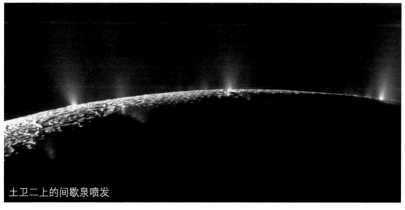

土卫二上的间歇泉喷发

天王星和海王星

天王星

符号：♅

半径：
25 559 千米

质量：
14.54 倍地球质量

与太阳的距离：
2 876 679 082 千米

公转周期：
84.32 年

自转周期：
17.24 小时

卫星数量：
27 颗

星等：
最亮时可达 5.32

如果你准备把望远镜对准这两颗遥远的行星，要做好心理准备，你看到的景象可能是模糊的。天王星和海王星如此遥远，它们在目镜里看起来就像是暗淡的圆盘，你可以分辨出它们的主要颜色，但很难看清细节。但观测它们仍是一项有趣的体验，它们能让我们瞥见太阳系的边缘，在那里反射的阳光要花三个多小时才能到达你的眼睛。定位它们时星图很重要，还要使用你的望远镜，最好能借助行星仪应用程序或自动望远镜。

倾斜的天王星

天王星几乎是躺着的，它的自转方向相对于公转面倾斜了98度，这可能是一次大规模碰撞的结果。由于它的倾斜，它的两个极点在每个公转周期里都有大约42年的时间一直有阳光照射，之后坠入黑暗。理论上讲，这是肉眼能见到的最远的行星，但实际观测时双筒望远镜是必需的。天王星上有一个很小的、独特的绿色圆盘，很好辨认，这种颜色是其大气中的甲烷痕迹造成的。在目镜里，它的大小约是木星的十分之一。在天王星的27颗卫星中，最大的卫星天卫三和天卫四可以用口径152毫米（6英寸）的天文望远镜观测。

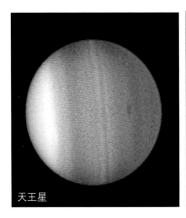

天王星

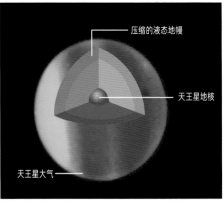

压缩的液态地幔

天王星地核

天王星大气

海王星

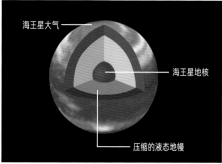

海王星大气

海王星地核

压缩的液态地幔

发现海王星

古代的天文学家不知道天王星和海王星，尽管伽利略在17世纪差一点就发现了。实际上他看到了海王星，但把它认作是一颗恒星，因为他的设备不够强大，无法看清这颗遥远的行星。他在1609年对木星进行了深入的观测，木星距离天王星只有2度，但由于他的望远镜视野狭窄，当时并没有注意到天王星。直到1781年，威廉·赫歇尔才对海王星进行了明确的观测。

蓝色的行星

冰质巨行星海王星像海洋一样蓝，以罗马神话中海神的名字命名。现在人们认为它的岩石核心外覆盖着一个巨大的海洋，所有这些都在充满氢气和氦气的大气之下。它的蓝色来自环绕在行星周围的冰状甲烷云。

1989年，"旅行者2号"在海王星周围发现了微弱的行星环，发现了一个被称为大黑斑的风暴系统，并将已知卫星的数量增加到14颗。要想找到这颗太阳系最外层的行星，你需要一张星图、一架望远镜，还要有一定的耐心才能将它与周围的恒星区分开来。仔细找找这个大小约为天王星的三分之二的灰绿色圆盘吧。观测海王星最大的卫星海卫一需要至少203毫米（8英寸）口径的天文望远镜。

海王星

符号：♆

半径：24 622 千米

质量：

17.15 倍地球质量

与太阳的距离：

4 503 443 661 千米

公转周期：

165.17 年

自转周期：

15.95 小时

卫星数量：

14 颗

星等：

约 7.8

延伸阅读

海王星的卫星之一海卫一是唯一与海王星自转方向相反的逆行轨道的大型卫星。它很有可能是独立形成的，后被海王星的引力所捕获。

冥王星和更遥远的边界

符号：P

半径：

1 188 千米

质量：

0.002 倍地球质量

与太阳的距离：

5 906 440 628 千米

公转周期：

248 年

自转周期：

6.387 天

卫星数量：

5 颗

星等：

最亮时可达 13.6

冥王星（右）和它的卫星喀戎

行星与其他围绕太阳运行的天体有何区别？2006 年前，冥王星还是一颗行星，关于它的争议有助于明确这个问题。观测冥王星至少需要一个 203 毫米（8 英寸）口径的天文望远镜，还要耐心地花上几个晚上，观察它相对于附近天体的细微移动。即使是星图也只能提供给你一个出发点。冥王星是如此小而遥远，它在地球之外将近 39 个天文单位，看起来和其他恒星没有什么不同。

冥王星的地位

冥王星的行星际空间中包含数百个太阳系形成时遗留下来的天体。2003 年，一个比冥王星还要大的天体被发现，它有自己的卫星，迫使天文学家们对冥王星和其他类似天体的地位归属给出明确的定义。在对冥王星命运的争论中，国际天文学联合会制定了关于行星的三个标准：第一，必须是围绕太阳运行的天体；第二，必须有一个由自身重力形成的近圆形状；第三，必须能清除运行轨道附近的碎片。冥王星不符合第三个条件，它的轨道上还有海王星轨道之外的许多其他天体在运行。

因此，冥王星成了矮行星这一新类别的第一个成员。第二颗被归为矮行星的是阅神星。这两颗星球也被归入一种特殊的矮行星类别，即类冥天体，指轨道在海王星外的矮行星，这个名字是为了纪念冥王星以前的行星地位。

进入柯伊伯带

冥王星位于柯伊伯带。柯伊伯带是指距离太阳30～55个天文单位的区域，其中充满了碎片和残骸，它外面有一个由小的、冰冷的天体组成的更大的离散盘。在柯伊伯带里，行星的形成似乎已经停止，这里的天体太分散，在轨道上运行得太慢，无法聚集、碰撞和合并成更大的天体。它们仍然是缓慢运行的星子或原彗星，偶尔会被驱逐出太阳系或穿梭其中。

2015年，美国国家航空航天局的"新视野号"探测器飞越冥王星及其卫星喀戎时，发现两者都是极其多样化、复杂的世界，有引人注目的峡谷、山脉和平坦的平原，这些都表明那里最近有过地表重塑的过程。

延伸阅读

未来几年，矮行星的名单还会增加，可能会增加数百颗。截至2018年春季，国际天文学联合会已经承认了5颗。其中，冥王星、阅神星、鸟神星和妊神星都是在海王星之外环绕的类冥天体。第五颗是谷神星，位于小行星带。

柯伊伯带里的大型碎片

拍摄夜空

你在夜空中所能看到的，以及许多因为太暗而看不见的天体，都能够被拍摄下来。天体摄影不一定要用到复杂的计算机辅助望远镜和专门的相机来拍摄，有些引人注目的夜空景象只需要一些常规的相机就可以拍摄。

天空中的拍摄对象

对于摄影师来说，黑夜中有取之不尽的题材。白天看起来很普通的风景，在夜晚的月光和星光的点缀下会呈现出一种独特的风情。如果还能加上多彩的极光，你就有了一张说不定能得奖的照片。拍摄大多数夜景的曝光时间都不超过30秒。如果你将曝光时间延长到几分钟，甚至1小时，就能捕捉到恒星在天空中运行留下的彩色弧线。

将你的相机连接在望远镜或其他追踪装置上，就可以跟踪天空的转动，确保在长时间曝光时，图像上不会有多余的星迹线。这样的照片能记录肉眼无法看到的过于微弱的星云和恒星场，向我们展示一个超出人类视力范

拍摄北极光需要很长的曝光时间

围的宇宙。

最好的相机

数码相机几乎完全取代了胶片相机在天体摄影中的地位。它们能即时呈现拍摄效果，这对夜间拍摄非常重要。因为拍摄时的曝光往往是靠猜测，而且拍摄对象可能太过微弱，无法在取景器中直接取景。数码相机在拍摄夜景时也更加敏感，胶片相机可能需要数小时才能完成感光，而数码相机只需要几秒钟或几分钟就能捕捉到。

如果稍微看一眼数码相机的参数，你可能会认为像素的高低决定了图像质量，但并非如此。对于长时间曝光的夜间微弱目标的图像，噪声（而不是像素）决定了天体照片的拍摄效果。电子噪声存在于所有的数码相机中，在长时间曝光时，电子噪声会在图像中形成彩色颗粒状斑点。

数码单反相机（DSLR）是较为适合拍摄夜空的相机，这种相机的电子噪声低，且允许用户更换镜头，并有光学取景器，摄影师可以通过镜头观察来构图。与智能手机或普通数码相机相比，数码单反相机拥有更大的感光芯片，能够在给定的曝光时间内记录更多的光，产生的图像上噪声更小，信号纯净度更高。

稳如磐石的三脚架是必不可少的

拍摄天空的基础知识

要想达到长曝光拍摄的最好效果，请记住以下几点。打开长曝光降噪设置，通常可以在自定义功能或拍摄菜单中找到。打开高ISO降噪功能也会有帮助。推荐使用带有手动控制的单反相机，最好能使用广角镜头和大光圈这能大大缩短需要曝光的时间，成像的质量更高，噪声更低。

拍摄夜空照片时，相机必须保持稳定，这需要一个坚固的三脚架。另一项重要的功能是远程遥控或自动计时器，这可以让我们在不碰到相机的情况下触发快门，并且可以按自己的需要长时间保持快门开启。最好多带一些电池，因为在寒冷的夜晚长时间曝光会很快耗尽相机的电量。

▌简单的技术

夜空中的星轨

用普通的相机和三脚架也能拍出引人注目的天文照片。与其他照片一样，一张优秀的天文照片要靠优秀的构图和吸引人的主题取胜。

夜幕降临

夜幕降临后，月光可以提供足够的光线，照亮地面，揭示细节。曝光设置20～40秒，光圈f/2.8，ISO调至400，就可以拍出像白天一样的蓝色天空，而且布满星星。但是，要拍摄深空的银河，就需要黑暗无月的夜晚。选择合适的月相拍摄照片，以确保天空尽可能黑暗。如果想给长时间曝光的照片增加一些地景，可以用手电筒来"画"出附近的物体——树、帐篷、房子，甚至是人。

星座

数码相机，尤其是数码单反相机的魅力在于，可以在相对较短的曝光时间内拍摄到大量的星星。把光圈调到f/2.8（变焦镜头的光圈则需要调到f/3.5～f/4），把相机的ISO

调到400~1600以提高灵敏度，然后把相机架向一个星座，打开快门20~40秒。最好是在黑暗的野外拍摄，但即使是在城市拍摄，通过将曝光时间限制在几秒钟之内，也能拍出明亮的恒星和星座轮廓。普通镜头和广角镜头都能拍摄大多数星座。在黑暗的地方，把ISO调至1600，曝光时间不超过1分钟，就可以捕捉到银河系灿烂的恒星云团。当画面出现的时候，你会惊讶于它生动的色彩和细节。

星轨

由于地球自转，整个天空看起来就像在围绕天极转动。在北半球，这个点位于北极星附近。打开快门5~30分钟，将光圈降低到f/4和f/8之间，并将ISO降低到100，就能拍到星星呈现出围绕北极星旋转的轨迹。相机应该放置多久取决于它的成像质量、天空的黑暗程度和温度。低温可以使相机传感器保持足够低的温度，以减少可能会积累起来的电子噪声，并允许更长时间的高质量曝光，甚至可以长达一到两个小时。

除此之外，还要尝试各种拍摄角度，并合理利用地面的物体作为画面的背景。同时，要做好拍摄大量照片的心理准备，每次拍摄的照片数量就算没有上百，也要有几十，才有可能收获满意的照片。

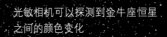

光敏相机可以探测到金牛座恒星之间的颜色变化

设备

几乎每个拥有相机和望远镜的人都想把两者连接起来。但是，对星云和星系的长时间曝光拍摄需要复杂的设备和技术，更适合那些已经用简单的方法积累了经验，并愿意在额外的设备上投资的摄影师。无论你是用智能手机还是其他的设备，在最初几次外出拍摄时，可以尝试一下这些技巧。

拍摄天空

仅仅使用一部简单的智能手机，你就可以捕捉到细节丰富的大视场照片，包括最亮的恒星、星座和行星，以及较暗的银河系、流星和极光。确保你的设备有一个坚固的底座，避免变焦，锁定焦点，并提高亮度，以便把星星拍出来。你还可以下载一个夜间摄影应用程序，来优化弱光模式下的手机相机，并打开相机快门长曝光。

装上望远镜

大多数望远镜都可以变成超级长焦镜头，用来拍摄月球和行星的特写镜头。一个简单的方法就是把你的智能手机通过接口接在取景器或目镜前面。或者从单反相机上取下镜头，换上一个相机－望远镜的接口，接口配有一个T形环，可以把望远镜卡在原本连接镜头的位置。所需的环和接口可以在望远镜经销商那里买到。

相机－望远镜适配器

连接望远镜的相机

在接口就位后，相机就可以代替目镜，与望远镜的调焦器接合。通过相机取景器拍摄的图像可能会暗，所以对焦需要格外小心。对焦时瞄准月球的边缘或陨击坑的边缘，让其看来尽可能锐利。

拍摄月亮需要的曝光时间很短，这并不奇怪，因为月球被阳光照得很明亮。精确的曝光时间取决于望远镜和月相，但在ISO 100～400的情况下，通常是1/15～1/500秒。这些都很短，所以并不需要望远镜上的自动跟踪系统，但在拍摄过程中需要保持月亮始终在取景框中。

自动跟踪系统

接下来更复杂的是天体跟踪摄影，在长时间曝光期间，相机会自动跟踪来抵消地球自转。这样拍摄的照片非常壮观，以全新的视角揭示夜空中的天体。流行的延时"夜景"视频就是用这种方法来拍摄的。进行天体跟踪摄影时，配备了广角、普通或长焦镜头的相机可以直接安装在机动支架上，或者安装在望远镜一侧的"燕尾板"上。望远镜本身必须有跟踪马达和赤道仪，以便围绕天极旋转。望远镜的使用手册包含如何进行所需的对极校准的说明，正确的对极校准是这种拍摄的必要条件。

给智能手机安装一个望远镜

虽然要求更苛刻，但这种拍摄的效果令人震撼。在f/2.8和ISO 800～1 600的条件下曝光2～4分钟，就能看到无数的恒星和色彩鲜艳、丰富的暗淡星云，而恒星仍然呈点状，因为望远镜的跟踪系统抵消了地球自转的影响。

带有跟踪马达的望远镜上的背负式装置

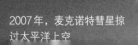

2007年，麦克诺特彗星掠
过太平洋上空

第六章

彗星和流星

彗星

离子彗尾

尘埃彗尾

彗发

彗核

太阳方向

海尔波普彗星组分

当新生太阳系的平面逐渐成形时，数十亿颗由冷冻气体和尘埃组成的"雪球"形成了。这些宇宙雪球中，一部分被木星和土星的引力清扫到了遥远的奥尔特云；另一些宇宙雪球在海王星轨道外形成，组成了柯伊伯带，和更遥远的离散盘相重叠。当这些古老的天体落入新的轨道，在太阳系内部翱翔时，就是我们看到的彗星。虽然彗星不是恒定不变的，但数量要比行星多得多。

成分

彗星是一堆冷冻的混合物，当它们接近太阳时开始升温，释放出在太阳系早期储存的气体。这些气体在冻结的彗核周围形成一个发光的头部，也被称为彗发，太阳风将带电离子流塑造成一个发光的气体尾巴，即离子彗尾。与此同时，从彗核脱落的尘埃流形成了第二个彗尾。

延伸阅读

路易十五称法国天文学家查尔斯·梅西耶为"彗星猎人"，因为他总能不断地发现新彗星。

彗星进入太阳系内部后，通常会沿一条椭圆形的轨道运行。来自奥尔特云的彗星会沿着较长周期的轨道运行，或被抛出太阳系，而起源于柯伊伯带或散射盘的彗星轨道周期较短。一般来说，在解体之前，彗星的大小足以支撑它在内太阳系运行数百圈。

观测

你可以观测那些即将到来的彗星或者去寻找新的彗星。每年有二十几颗彗星被发现，其中一些彗星亮到用业余设备也能发现。特别是靠近太阳的，专业的自动化巡天观测设备无法观察到那里的彗星。如果你看到了星图上没有的天体，首先要确定它不是恒星，然后寻找它的尾巴，最后重新检查它是否移动，并记录它的位置和大小，描绘它的外观，请他人确认。另外，还要确保它不是一个已知的天体。

"有机浓汤"的科学

经过10年的旅行，欧洲航天局的"罗塞塔号"探测器到达了67P/丘留莫夫-格拉西缅科彗星。探测器环绕彗星运行了两年，并将着陆器"菲莱"送至彗星表面，研究其地形和成分。根据收集的数据，有机分子（如蛋白质、碳水化合物和核酸等）约占67P所释放的尘埃的一半。科学家认为这些物质是冰冻的原始汤，支持了彗星可能为早期地球播下了生命原料的理论。

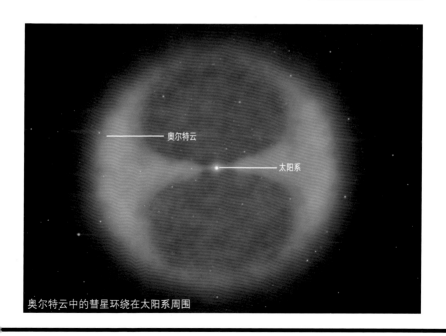

奥尔特云

太阳系

奥尔特云中的彗星环绕在太阳系周围

著名的造访者

17世纪末，随着牛顿用来解释世界的数学理论逐渐被人接受，天文学家埃德蒙·哈雷开始使用关于重力和运动的新观念预测历史记录中的彗星将何时回归。在整理彗星观测记录时，哈雷注意到，在这些游荡的天体中，有一个天体在1531年、1607年和1682年都出现过，而且每次都朝着大致相同的方向移动。他大胆地猜测：这三颗彗星是同一天体，它将在1758年末再次出现。这一预测后来被证明是正确的。

目击彗星

1973年，科胡特克彗星被广泛报道，尽管它是肉眼可见的，但它似乎并不符合被发现时获得的"世纪彗星"称号。真正明亮的彗星并不经常出现，但科学家和天文爱好者们仍然做了大量努力。在20世纪90年代，出现了三颗明亮的彗星。专业人士和天文爱好者都观测到了1996年的百武彗星和1997年的海尔-波普彗星，但这两颗彗星都是长周期彗星，短期内不会回来。

在延时拍摄的照片中，红色的赛丁泉彗星从两颗明亮的恒星之间穿过

延伸阅读

最大的彗核的记录是海尔-波普彗星，它的直径超过40千米，而麦克诺特彗星的气体彗尾长度超过2.25亿千米。

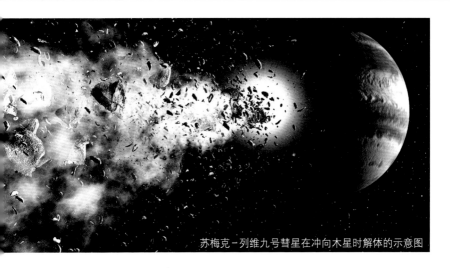

苏梅克－列维九号彗星在冲向木星时解体的示意图

1994年，苏梅克－列维九号彗星因被木星的引力捕获并撕裂而备受关注。它的碎片与这颗巨大的行星相撞，引发了一系列壮观的爆炸。天文学家们仔细研究了这一事件的过程及后果，以了解此类星际灾难的影响。2007年的大彗星——麦克诺特彗星是几十年来最明亮的访客，但它显然正在离开太阳系的道路上，最终将永远不会回来。

探测任务

欧洲航天局和美国、日本、苏联的航天机构已经主导了与12颗彗星的自动邂逅。1985年，美国国家航天航空局的国际彗星探测器首次访问了彗星，并对贾可比尼－金纳彗星进行了研究。该任务发现彗星是由冰和岩石混合而成的，证明了关于彗星形成的"脏雪球"理论。1986年，为了研究著名的哈雷彗星，日本发射了2个探测器，欧洲航天局发射了1个。2004年，美国国家航天航空局的"星尘号"探测器访问了怀尔德2号彗星，并收集了第一批彗星尘埃样本送回地球。首次对彗星内部执行探测任务的是2005年美国国家航天航空局发射的"深度撞击号"，它成功撞击了坦普尔1号彗星，撞出一个陨击坑，并进行分析。

 古代观测的故事

几千年来，哈雷彗星一直是规律的访客。虽然它第一次被预测的出现是在1758年，但早在公元前240年，中国就已经有史书记载了它的出现。新的研究显示，公元前446年，古希腊出现了一次巨大的流星雨，这正好与哈雷彗星飞掠地球的时间相符合。计算模拟显示，这颗彗星的尾巴和它的碎片可能曾直接扫过地球。这次交会使彗尾看起来非常大，彗星粒子猛烈地撞击大气，产生了一阵流星暴。

流星

狮子座流星雨中的一颗流星

延伸阅读

我们看到的流星大多只有沙粒大小，而绝大多数看起来就像一粒尘埃，只有人类头发丝的几分之一那么宽，也就是微流星。较大的流星会在上层大气中电离，这些微流星昼夜不停地飘向地球表面，每天大约有90吨的微流星到达地球，也就是微陨石。它们遍布地球表面，你可以收集它以做进一步研究。大多数微陨石铁含量很高，会粘在磁铁上。你可以在排水沟的落水管附近放置磁铁，每平方米的范围就能收集到两到三颗微陨石。要想仔细观察你的"宝贝"，需要借助显微镜。

　　只要有耐心，观测流星并不难。在漆黑的夜晚，观星者平均每15分钟左右就能看到一颗流星。随着地球在其轨道上运行，地球每年会遇到超过5亿个这样的天体。

流星体

　　流星最初是流星体，即星际尘埃和碎片。单个流星体通常很小，少数可以有几十厘米宽。在更大的范围内，流星体和小行星之间的区别并不明确，国际天文联合会将流星体定义为"比小行星小得多，比原子或分子大得多"。较大的流星体可能是从彗星、行星或卫星上脱落的碎片，飘浮在太阳系中。大多数流星体都是由星际物质构成的小颗粒，通常是从彗星外层剥离下来的灰尘，围绕在太阳系周围。最常见的流星体由硅酸盐和其他岩石物质组成，有些则是由形成太阳系早期的物质构成的。约6%的流星体是由铁和镍组成的，也称为铁陨石，还有一小部分是石铁陨石——岩石和铁大致相等比例的混合物。

与地球的接触

这些小天体进入地球大气后就变成了流星。在地球的引力作用下，它们的速度为32 000～257 000千米每小时。大气的摩擦使它们升温到约1 650 ℃，形成了发光的痕迹，"流星"一名由此而来。在这样的高温和高压下，大多数流星在到达距离地表80千米之前就蒸发了。流星大多很小，不到一秒就被摧毁了，又快又暗，我们甚至看不见它们。有些异常明亮的流星会划出长长的、明亮的线，并留下烟痕，有时甚至会产生声爆。因为声音的传播速度比光慢，所以在眼睛看到爆炸后才能听到爆炸声。

偶尔会有一些流星碎片到达地表形成陨石。它们大多数都是无害的，但最大的陨石会造成大规模的生物灭绝，比如恐龙的灭绝。

延伸阅读

在地球上发现的陨石中，大约有64块是月球碎片，约160块是火星碎片。也可能有来自金星、水星和太阳系其他天体的陨石，但还没有一个被证实。

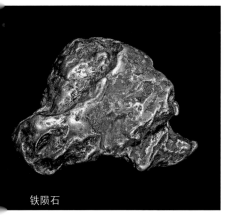

铁陨石

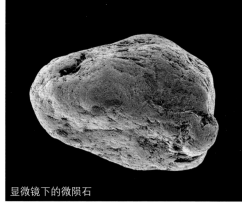

显微镜下的微陨石

坠向地球

土著的铁质工具的故事

1897年，探险家罗伯特·皮尔里在当地导游的帮助下找到了一颗裂成三块的流星，由此推断出这是格陵兰岛上的因纽特人所使用的工具中铁的来源。皮尔里费了很大的劲才把一块重达30.8吨的石头带回了纽约。几十年后，他的妻子约瑟芬为了派遣一艘船去格陵兰岛接回她的丈夫，把这块流星卖给了美国自然历史博物馆。

月球的面貌诉说着太阳系早期的剧烈变化。我们的星球也曾遭受过撞击，但月球稳定的地质条件保留了它曾与小行星和流星体接触的证据，而地球的构造板块、广阔的海洋和不断变化的地貌掩盖或抹去了大部分的凹痕和损伤。

撞击和陨击坑

地球表面遍布着与星际物质接触的痕迹：全世界有271个大大小小的陨击坑或撞击盆地，所有这些都与彗星、小行星和流星体有关。其中一些带来了大量的金属，不仅能支撑当地的工业，还可以使周围的农田变得更加肥沃，比如加拿大萨德伯里的陨击坑，是由18亿年前陨石撞击形成的。亚利桑那州的巴林杰陨击坑宽度为1.2千米，深度为183米，已有5万年的历史，和月球表面的环形山非常像。

20世纪70年代在墨西哥尤卡坦半岛发现的希克苏鲁

5万年前的流星撞击形成了亚利桑那州的巴林杰陨击坑

西伯利亚大撞击的科学

1908年6月30日，一颗巨大的彗星或小行星造访了遥远的通古斯河附近的西伯利亚。它在地球表面附近爆炸，所以没有发现陨击坑，但坠落现场的调查显示，大约有2 072平方千米的森林被夷为平地，数以百万计的树木呈放射状展开，标志着那里正是爆炸的中心。撞击时的报告显示，远至英格兰都记录到了冲击波和火光照亮天空的情况。虽然对撞击者的身份仍有一些争论，但人们普遍认为，这是一个以极高速度进入大气的巨大太空物体。由此产生的火球导致周围空气的温度达到24 704 ℃，释放的能量相当于185枚广岛原子弹。

在西伯利亚通古斯被炸的树

伯陨击坑，直径为177千米，它已被沉积物覆盖，但这里留存的陨击玻璃、铱富集层等地质记录表明，这里曾遭受过小行星撞击。这颗小行星估计有10～19千米宽，撞击时间约为白垩纪末期，与地球上大规模生物灭绝的时间相吻合，因此推测是这次小行星撞击的灰尘挡住了阳光，导致植物死亡，温度直线下降。

撞击概率

2013年2月15日，一颗直径18米的小行星在未被发现的情况下进入大气，并在俄罗斯车里雅宾斯克市上空爆炸。爆炸产生的冲击波震碎了窗户，毁坏了建筑物，并造成约1 500人受伤。幸运的是，能够造成区域性甚至全球性灾难的陨石撞击是罕见的。据估计，足以造成大灭绝的碰撞每1亿年会发生一次，足以摧毁一座城市的小天体撞击每1 000年会发生一次。此外，我们在寻找近地天体方面也做得很好：巡天项目已经确认了90%以上直径大于1千米的近地小行星，并能跟踪它们的运动。但是我们只能探测到离地月系统几天路程的星际物质。

流星雨

关于1833年11月狮子座流星雨的一幅木版画

偶尔出现的流星会给野营或海滩漫步增添乐趣，这种流星被称为偶发流星，一年四季的任何时候都可能出现。除此之外，地球每年大约有30次会经过太阳系的碎片区域，也就会产生一场流星雨，甚至是一场壮观的流星暴。

流星雨的预报

由于流星雨的发生非常有规律，相关的预测会刊登在天文学杂志和国际流星组织等机构的网站上，也可能作为天气报告的一部分。我们能轻松地获取每年的流星雨何时

延伸阅读

1833年11月16日，狮子座流星暴期间，估计每小时产生了20万颗流星！

发生和极大期的信息。你可以将流星事件的报告发送给当地的流星协会，他们利用这些报告来进行统计研究，并依此作出预测，以便找到流星碎片。

流星的观测

一些事先的准备会让你对流星的观测更成功。选择一个远离市区的观测地点，在月亮不太亮的时候进行观测。最重要的是，要熟悉这场流星雨的辐射点在哪里，并面朝那边。

流星雨通常以极大期时辐射点附近的星座命名。当狮子座在11月中旬靠近地平线的时候，一年一度的狮子座流星雨就会发生，你需要找到一个适合的观测点。如果流星雨极大期出现在白天或者在明亮的月光下，你只能接受不太理想的景色，在不够暗的夜晚甚至清晨观测，或者选择明年再看。如果你错过了流星雨极大期，不要失望，在极大期之夜前后一周左右，流星雨都会持续活跃。

延伸阅读

国际流星组织依靠天文爱好者的信息来扩大其观测数据库，但他们也期望爱好者们在提交结果之前能正确判断所观测的现象。你可以先多做记录作为练习，并尽可能多地捕捉细节，包括流星的亮度、颜色、持续时间和划过天空的轨迹长度。识别辐射点并不困难，流星雨中的流星会回溯到一个共同的点。如果可能的话，记录下流星出现的赤纬和赤经。试着记录下天空状况的细节，例如你所能看到的最暗的恒星，以便设定极限亮度。你可以通过记录一秒钟内，流星在天空移动了多少度来估计流星的速度，将它们与可见恒星进行比较来评估它们的亮度。

流星从恒星的延时轨迹中穿过

年度流星雨

流星雨每年的强度可能相差很大，但有少数是相对稳定的，无论是对于认真的爱好者还是随性的肉眼观星者，这些流星雨都值得一看。

秋季流星雨

从猎户座发出的流星雨，在秋季中期达到极大期，每小时约有20颗流星。狮子座流星雨在11月迎来极大值，每隔33年，它的流量会明显上升，出现强烈的流星暴，但它们平常的峰值只有每小时10～15颗。狮子座流星雨能产生持久的穿越天空的痕迹。

冬季流星雨

双子座流星雨是年度最密集的流星雨之一，每小时

延伸阅读

流星雨的强度与彗星经过后，地球拦截其尘埃轨迹的时间有关。

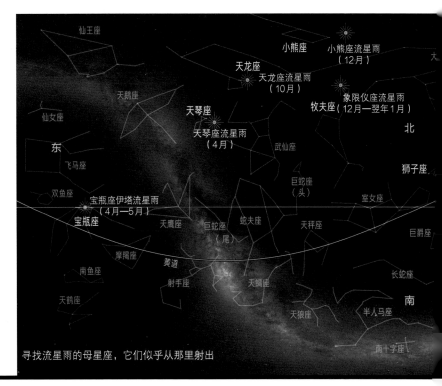

寻找流星雨的母星座，它们似乎从那里射出

最多可以产生 120 颗流星。双子座流星雨出现在 12 月中旬，最佳观测时间不是在午夜之后，而是在上半夜，因为它的尘埃轨迹与太阳正好在地球轨道上相对而立。双子座流星雨的来源是 3200 号小行星法厄同星，这颗小行星很可能是一颗"熄灭"的彗星核，它的冰已经耗尽或被表面灰尘深埋。

春季和夏季流星雨

　　哈雷彗星在其轨道上留下了一条尘埃彗尾，地球每年接近它两次，产生两次流星雨，其中春天的宝瓶座伊塔流星雨，极大期每小时产生的流星多达 60 颗。而著名的英仙座流星雨则出现在夏季，它的记录可以追溯到公元 36 年，极大期时每小时会落下 80 ~ 120 颗流星。

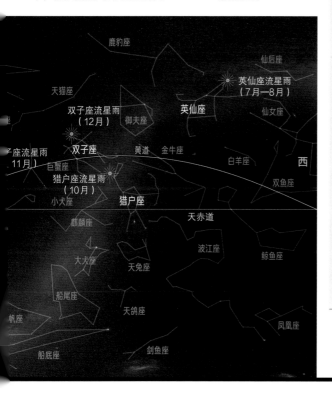

双筒望远镜指南

使用天文望远镜时，你只能用一只眼睛观测——这对大脑来说是个尴尬的情况。我们通过镜头看到的天空称为视野。天文望远镜通常视野非常狭窄，使得你更难找到目标，同时体积庞大，安装也很困难，如果夜晚很冷或者时间很短，架设望远镜就变成了一件麻烦事。为了易于使用、方便携带和经济实惠，同时还能显著地扩大观测的范围，一副标准的双筒望远镜是观星者的必备装备。

选择尺寸

在购买双筒望远镜时，请记住，重量很关键。你会拿着它们向上看，所以当你扫视天空时，手持较重的型号可能会很累。当然，你也可以买个三脚架，但是双筒望远镜的优点之一就是无需复杂的安装过程就可以随意扫描，这样得不偿失。

选择合适的放大倍率和物镜（望远镜前端的透镜）的大小也很关键。你可能会在望远镜的某个地方看到这两个标记：7×35 或 10×50，第一个数字代表放大倍率，第二个数字是物镜的直径，单位是毫米。

一般情况下，推荐使用7×50的望远镜。50毫米的物镜足以收集足够的光线，也可以挂在脖子上。它的视野很宽，放大7倍后的图像在手持观测的过程中也可以保持稳定。记住，双筒望远镜也会放大手指颤抖的效果，10×50的双筒望远镜可能需要三脚架来控制抖动。消除抖动的另一个方法是购买带有稳定图像功能的双筒望远镜。它通过运动传感器和微处理器控制棱镜的形状，并对

多涂层的镜片是蓝色或绿色的

橡胶涂层可以起到减震的作用，并提供舒适的抓握体验

任何运动进行补偿，提供看起来稳定的视野。这些美妙景色的背后标明了更高的价格。

购买建议

　　双筒望远镜的棱镜应该用贝克-4玻璃而不是贝克-7玻璃制成。这样望远镜会更贵，但为了额外的亮度也是值得的。你可以把望远镜拿在大约一臂的距离，检查目镜来判断玻璃种类，如果你看到明亮的光圈，即出射光瞳有任何的灰色边缘，你拿着的双筒望远镜用的就是贝克-7玻璃。

　　购买带有多涂层镜片的望远镜，这种镜片的透光能力更强。你可以用手电筒照射物镜，然后前后倾斜望远镜，有涂层的望远镜镜片看起来会是蓝色或绿色。在选购时，调整望远镜焦距使观察对象成像清晰（也称为对

更大的望远镜也会带来更好的观测效果，但也会更重

焦），然后交替闭上一只眼睛，图像应保持稳定。在明亮的发光物体周围有晕彩或者存在重影，表明望远镜的光学质量较差。

　　口径76～102毫米（3～4英寸）或更大的双筒望远镜的价格可能与一些天文望远镜相当，甚至更贵。它们通常太重，用手无法拿稳，需要一副坚固的三脚架。对于初学者来说，这与其说是在购置天文望远镜前的一步，不如说是天文望远镜的替代品。

带有图像稳定器的双筒望远镜无需三脚架就能提供稳定的视野

挑选天文望远镜

业余天文爱好者使用的天文望远镜主要有三种：折射式望远镜、反射式望远镜和折反射式望远镜。每种望远镜都有其优点，应该结合你将使用场景去考虑。在选择观测仪器之前，问自己几个问题：你想观察什么类型的天体？你想拿多重的望远镜？你的预算是多少？你主要是在市中心公寓的阳台上、郊区的后院这些光污染的天空下，还是在拥有纯净天空的乡村观测？虽然更大的口径（主要光学元件的直径）可以获得更好的视野，但仪器也会更笨重、昂贵，如何选择合适的望远镜是一门学问。在选购时，望远镜都会标明主物镜的口径大小，所以 152 毫米（6 英寸）的望远镜是指它的主镜或透镜直径为 152 毫米。

152 毫米（6 英寸）的多布森反射式望远镜是高性价比的多用途望远镜

类型

折射式望远镜是大多数人提到"望远镜"这个词时所想象的样子。这种望远镜的特点是在镜筒的前端有一个物镜，可以收集光线并将其导向镜筒另一端的目镜，目镜会放大图像。

反射式望远镜不用物镜，而是在镜筒的底部使用凹面镜。射入的光沿着镜筒落在凹面镜上，然后向上反射到副镜上，副镜将光线引导到镜筒另外一端的目镜上，然后目镜放大图像。

折反射式望远镜是由一个校正透镜和一面镜子组成的。光线通过透明的校正透镜进入镜筒中，被镜筒后面的主镜反射回来，再经副镜反射回镜筒中，光线通过主镜的中心孔进入位于后面的目镜，聚焦成像。

优缺点

每种类型的望远镜都有优缺点。例如，折射式望远镜往往焦比偏大，即相同口径的情况下具有较长的焦距，需要匹配较长的镜筒。焦比越高，转化数值越大，图像的对比度越强；

而较低的焦比，如反射式望远镜，则对光更敏感，视野更宽。

如果你的主要兴趣是月球、行星、双星和其他需要高倍放大的天文现象，最好使用折射式望远镜。如果你对星团、彗星和星云更感兴趣，反射式望远镜可能更适合你。如果你想要一架什么都能看一点的万能望远镜，折反射式望远镜可能是最好的选择，它的焦比一般介于反射式望远镜和折射式望远镜之间。这种望远镜能提供高对比度图像，适用于天体摄影。

最物超所值的可能是多布森反射式望远镜，它包括了大口径、高光学质量的主镜，和一个坚固的地平经纬仪装置，也被称为"摇杆箱"。地平经纬仪装置可以根据高度上下摆动，也可以根据方位水平旋转。在152～203毫米（6～8英寸）口径的望远镜中，多布森反射式望远镜的成本比相同尺寸的其他仪器低，很适合初学者。

这款254毫米（10英寸）口径的望远镜使深空天体的细节更加清晰

使用望远镜

如果你在购买之前考虑了自己的需求，新望远镜就是值得的。如果你想要在一时兴起时更容易观测夜空，那就选择一台更小、更轻的望远镜。一台102毫米（4英寸）口径的望远镜可以让你看到12星等以上的天体，足以观测我们太阳系中的所有行星，以及大量的星云、星团和星系。

目镜

目镜是一种高质量的放大镜，用来查看望远镜主镜形成的图像，更换目镜可以改变望远镜的放大倍率。一些望远镜经销商提供了高倍率的目镜，但不要轻信，现实是，对于152毫米（6英寸）口径的望远镜来说，使用35倍的目镜时，图像会被放大210倍，这样的倍率对观测条件的要求极高，夜空状态达标的情况少之又少。大部分观测只需用两三个目镜就能完成，主要是50倍和150倍，偶尔会用到300倍。

如果你的望远镜目镜质量不高，你可能需要升级了。购买时咨询销售人员，确保你所购买的目镜适合你的望远镜的类型和尺寸。目镜上还可以

自动跟踪系统可以定位天体并跟踪它们的运动

在天文聚会上向其他天文爱好者学习

安装各种各样的滤光片，偏振滤光片可以帮你分辨像月亮这样明亮物体的细节，彩色滤光片可以显示行星表面的细节。望远镜的分辨率很大程度上取决于口径，但滤光片可以通过减少大气中散射光的影响或减少附近的光污染来增强图像的清晰度或对比度。

自动跟踪系统

许多新型望远镜配备了数字化的自动跟踪系统，可以和手持设备上的天文程序协作。在天体移动时（或者更准确地说，当地球转离了它们时），这种系统可以帮助观星者将观测对象保持在视野之中。这种系统还可以帮助观星者在天空中锁定感兴趣的景象，只要选定想看的天体的名称，或者在虚拟的星图上轻敲一下它，望远镜就会自动转向对应的天体。有些系统还与智能手机上的应用程序兼容。

一些观星者认为，这种程序剥夺了寻找目标的挑战。但大多数人认为它们很有用，能迅速定位观测的目标。

俱乐部

当地天文协会定期聚会，分享成员们对天文学和夜空的热情。协会会员是关于望远镜及其技术故障排除以及天空中所发生的一切的很好的信息来源。你会学到很多，很可能比你从望远镜中得到的更多。

由哈勃空间望远镜拍摄的
面纱星云

第七章

走出太阳系

我们的星系

在这张长曝光照片中可以看到银河系丰富的细节和深邃之美，照片摄于光污染较少的环境

延伸阅读

螺旋状结构的银河系整体也在自转。而我们的太阳系每时每刻都在以大约230千米每秒的速度围绕着银河系中心公转，公转周期大约为2.26亿年。可以看出，太阳系的公转就是银河系自转的体现。所以地球也在绕银河系中心的轨道上运行，它上次位于我们现在所处轨道位置的时候还是恐龙统治地球的时期。

星系遍布宇宙的各个角落，是构成宇宙的基本单位之一。在我们可观测的宇宙中，存在着至少2万亿个星系。星系是由恒星、尘埃、气体和神秘的暗物质等组成的，并受到引力束缚的大质量天体系统。大多数星系还会在引力作用下聚集成星系群、星系团和超星系团。我们所处的星系称为银河系，被认为大约有100亿岁，比它里面最古老的恒星（大约130亿岁）还年轻一点。虽然用不同的方法估算出的年龄并不一样，但相较于起源于138.2亿年前的宇宙来说，银河系显然算得上是宇宙中的元老星系。它的螺旋状结构在更大、更明亮的星系中也很常见。

银河系的直径约为10万光年，最厚处在其螺旋结构的中心，厚度约为13 000光年，而外围旋臂的厚度只有约1 000光年。我们的太阳系位于猎户臂上，距离银心约2.5万光年，大概在银心到银河系边缘一半的位置。

通过研究星系中可见物质的旋转速度可以发现，除了我们已经观测到的物质，星系中还有很多我们观测不到的物质和天体，如暗物质、黑洞及其他的奇异天体。通常来说，仅靠可观测物质的质量不足以形成一个由引力束缚的系统，这意味着暗物质必然存在。事实上，银河系的大部分质量都是由暗物质提供的。

观测

用望远镜观赏银河会让人心醉神迷：稠密的星团、发光的气体和尘埃云装点着这条宇宙之径。漆黑晴朗的夜晚可以获得观赏银河的最佳体验，而不算很严重的光污染却足以掩盖掉银河。黄道面与银河系的盘状平面（银道面）的夹角约为 60 度，因此我们看到的银河会随着季节的更替而变化。北半球夏季的时候，地球处于夜晚的这一侧正好朝向银河的中心，而银河最明亮、恒星最密集的区域是在南方天空的人马座一带。到了冬季，北半球将转向银河的外缘，在猎户座和双子座方向，这时只能看到较暗、恒星较少的银河。而在春季和秋季，当我们仰望星空其实是往银盘的上方或下方看向银河外面的星系际空间，从这两个方向看到的银河会相对暗淡一些，恒星也比较稀疏，适合观测其他星系。

银河系的故事

都市的霓虹灯丰富了人们的生活，却让银河几乎消失在了现代文明的夜空中。但古代的许多文化都与银河的传说有关，这说明它在夜空中是多么夺目的存在。对北美洲的切罗基人来说，银河是从天狗嘴里撒落的一道玉米粉痕迹，这条天狗来到人间偷粮食，最终被村民用鼓声吓跑。塞米诺尔人则将银河视为通往天堂的道路，北欧神话也有类似记载，认为银河是一条通往死后世界瓦尔哈拉神殿的道路。

银河系是一个旋涡星系，与图中的旋涡星系 NGC 4414 相似

星光探秘

从概念上讲，恒星并不复杂。恒星的化学成分很简单，几乎都是氢和氦。虽然恒星之间和星系之间看似空无一物，但实际上却充满了由氢、氦和尘埃等所组成的星际介质。星际介质并非均匀分布，而是成团出现的。其中有些团块会变得足够稠密，并开始在自身引力的作用下向内坍塌。这个过程会导致团块内部温度和压强升高，当中心的温度和压强足够高时，就会引发氢的核聚变：4 个氢原子核融合成 1 个氦原子核，并将 0.7% 的质量转化为能量释放出来。

拜耳命名法

恒星的命名遵循着一些法则，尤其是位于主要星座中的恒星。最早的恒星命名法则是德国天文学家约翰·拜耳提出的。1603 年，他出版了《测天图》，其中的命名系统是以 48 个传统星座为基础的。拜耳将希腊字母与星座名

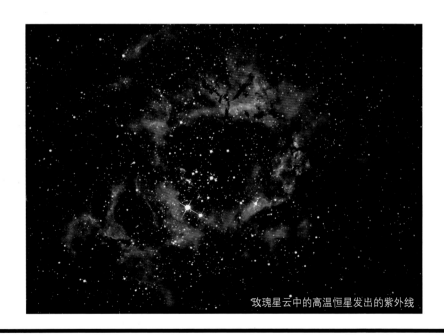

玫瑰星云中的高温恒星发出的紫外线

✦ 光谱的科学

可见光的光谱对我们而言一点也不陌生，就是彩虹的颜色，包括从波长较长的红色到波长较短的蓝色。范围广阔的电磁波谱中除可见光以外，还有射电波、紫外线和其他形式的电磁辐射。天文学家经常利用光谱学这个强有力的工具来分析遥远天体发出的电磁波，以此来研究这些天体。天体发出的电磁波包括可见光波段和非可见光波段，可以将其分解为按一定次序排列的光谱，这与我们通过棱镜将可见光分解为不同的颜色类似。恒星光谱中的谱线就是揭示恒星化学成分的指纹，而且从中还能知道恒星的大小、质量、发光方式甚至恒星的运动速度。光谱还可以告诉我们天体附近的情况，如旋绕在黑洞周围的吸积盘中的气体成分。

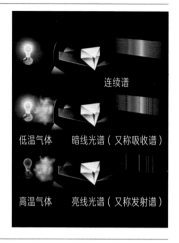

连续谱

低温气体　暗线光谱（又称吸收谱）

高温气体　亮线光谱（又称发射谱）

称相结合，按照恒星的视亮度（观测者用肉眼所看到的星体亮度）顺序对星座中的恒星进行了编目，每个星座中最亮的恒星定为"α"星，第二亮的定为"β"星，以此类推，依次使用24个希腊字母来命名（如有必要，会使用大写字母重新开始）。因此，猎户座中最亮的恒星就成了"猎户座α"。但拜耳是通过目测来判断恒星亮度的，后来随着观测技术的进步，发现他对某些恒星亮度的排序并不正确，比如有些星座中的α星并不是最亮的。以猎户座为例，猎户座β的星等就比猎户座α低（星等值越低，代表星体越亮）。尽管并非完全准确，但拜耳命名法还是常被各种观星指南和星图所采用，本书的第10章也使用了该命名法，在定义和讨论研究对象时这个命名系统非常有用。此外，阿拉伯、希腊或罗马天文学家也命名了很多恒星，有些恒星也会沿用他们所起的"专有名称"，如天狼星（大犬座α，俗称犬星）。当然，除了亮度，还有一些以恒星其他特征来编目的星表，它们也可以用于检索天文学家发现的众多恒星。

延伸阅读

世界上第一份星表是由中国古代天文学家在公元前4世纪编制的。借助现代的观测设备，今天的星表已经收录了数以千万计的恒星。例如《哈勃空间望远镜导星星表》包含超过1 500万颗恒星的信息。

恒星家族

在一个多世纪前，天文学家利用恒星的两个简单特征——颜色和亮度建立了一个恒星分类系统。基于该分类系统，如今我们已经对数十万颗恒星进行了分类和编目。

恒星的类型

光谱学的应用使天文学家在研究宇宙中恒星的多样性上取得了重大突破。19世纪后期，哈佛大学的一个研究团队以恒星光谱中氢的吸收线为基准，对恒星进行了分类。团队中的天文学家安妮·詹普·坎农在梳理了数万张恒星光谱的照片后，设计了一个简单的光谱分类法，并按此主持编纂了《亨利·德雷珀星表》。星表冠以亨利·德雷珀的名字是为了感谢这位天文学家的资助。经过多次补编，这一星表共收录了35.9万颗恒星，其中包括亮度仅为肉眼可见最暗恒星1/50的恒星。

一开始，研究团队采用从 A 到 Q（除去 J）的 16 个字母来表示不同的光谱类型，对恒星光谱进行逐一分类。坎农进一步改善和简化了分类法，按恒星表面温度由高到低排列形成了如下的序列：O、B、A、F、G、K、M。事实证明，这个百年前的分类系统的确行之有效——用

蓝超巨星的艺术想象图

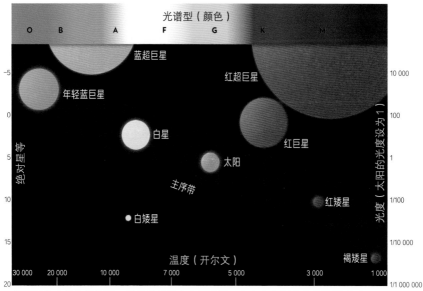

光谱型（颜色）

| O | B | A | F | G | K | M |

绝对星等: -5, 0, 5, 10, 15, 20

光度（太阳的光度设为1）: 10 000, 100, 1/100, 1/10 000, 1/1 000 000

蓝超巨星

红超巨星

年轻蓝巨星

白星

红巨星

太阳

主序带

红矮星

白矮星

褐矮星

温度（开尔文）

30 000　20 000　10 000　7 000　5 000　3 000　1 000

赫罗图主序带上的恒星，是按照质量大小排列的，左上方高温高亮度的是质量较大的恒星，而右下方低温低亮度的则是小质量的恒星

一个字母就同时传达了恒星的大概温度和化学成分。例如，M 型星的表面温度较低，约 2 760 ℃，光谱显示其含有一氧化钛、一氧化钒等金属氧化物。O 型星的表面温度大约是 M 型星的 10 倍，光谱显示其含有电离态的氦、碳和氧元素。每种光谱型又再细分为 10 个次型，用数字 0～9 表示，温度由高到低排列。

赫罗图

　　在坎农夜以继日地进行编纂工作时，丹麦的埃纳尔·赫茨普龙和美国的亨利·诺里斯·罗素也开始分别绘制恒星的颜色、温度与其光度的关系图，想借此研究恒星的性质。在以这两位科学家的名字命名的"赫茨普龙 - 罗素图"（简称"赫罗图"）中，大多数恒星分布在一条从左上方延伸到右下方的被称为主序带的带状区域上；温度更高、颜色更蓝的恒星会更大更亮，而温度较低的红矮星则更小更暗。

恒星动物园

随着对恒星及其构造了解的深入，我们越发觉得在太空中独自旅行的太阳是个异类。在孕育恒星的大质量气体云中，恒星出生时通常都是双胞胎或多胞胎，并且会因为引力作用一生都牵绊在一起。所以相比太阳这种孤零零的单星，双星、三合星和聚星系统在宇宙中则更为普遍，例如一对大小和亮度相似的孪生双星系统，或者几颗较小的恒星围绕着主星运行的聚星系统。

双星

双星被发现已有好几百年了，但直到18世纪晚期，天文学家才开始区分所谓的光学双星和物理双星（即真正的双星系统）。光学双星中的两颗恒星只是看起来挨得很近而已，但实际两者在空间距离上相隔很远，没有物理上的关联。在真正的双星系统中，两颗恒星会因引力作用绕着共同的质心运转，而且我们几乎总是需要望远镜才能将系统中的成员星分辨出来。开阳和开阳增一是天空中最著名的恒星组合之一，它们相距约1光年，虽然自行显示两者有共同的运动，但尚无证据表明它们是一对受彼此间引力牵引的物理双星。

1650年，以绘制月面图和反对日心说而闻名的意大利天文学家乔瓦尼·巴蒂斯塔·里乔利观测到开阳有一颗靠得很近的伴星（与开阳增一无关），这是人类第一次发现真正的双星系统。从那时起，天文学家又发现这两颗星各自也是双星系统，因此开阳实际是个四合星系统。到18世纪70年代晚期，由于已经发现了相当多的双星，英国天文学家威廉·赫歇尔开始编制首个双星星表。已知的双星和

天鹅座的辇道增七是一个双星系统，比较适合用望远镜观测

变星的科学

变星的亮度会发生变化，有时候亮度变化的幅度大到足以决定它们能否被肉眼看见。鲸鱼座的刍藁增二就是一个典型的例子，它会消失然后再次出现，整个变化的周期为11个月。与刍藁增二同一类型的刍藁型变星（又称米拉变星）是开始发生不稳定的脉动振荡的红巨星。更为罕见的造父变星则以固定的周期膨胀和收缩，时间短则几天，长则数周。另一种称为金牛T型星的变星，其脉动是随机的，没有固定的周期。这类变星其实是正在形成中的恒星，当它们收缩并且外部气体包层开始消退时，光度也会发生变化。天桴四（天鹰座η）和刍藁增二都是比较适合观测的著名变星。

从图中的一系列照片中可以看到，仙女星系中的V1造父变星的亮度在几个星期之内发生了显著的变化

聚星星表，包括舍伯恩·韦斯利·伯纳姆等业余双星猎手的观测记录，最终都被汇总在一些大型星表中，其中《艾特肯双星总表》收录了17 180对双星。

观测双星

使用高性能双筒望远镜可以看到一些较为明显的双星，如织女二（天琴座ε）和辇道增七（天鹅座β）。对于那些不太明显的双星，就得借助分辨率更高的天文望远镜来观测了。在观测视野中，这种双星中的两颗恒星会显得非常接近。然而，距离、星等差异以及其他一些因素，都会对分辨双星系统中较暗的伴星和较亮的主星产生影响。你会发现天大将军一（仙女座γ）是一对橙色和蓝色的双星；仔细观察猎户大星云中的伐二（猎户座θ），根据望远镜的分辨率，你会看到4～6颗构成猎户四边形星团的恒星。

恒星的一生

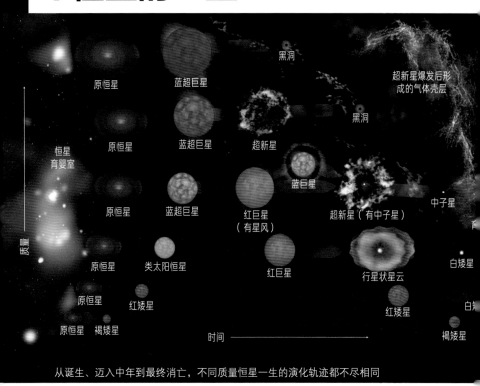

原恒星　蓝超巨星　黑洞　超新星爆发后形成的气体壳层

原恒星　蓝超巨星　超新星　黑洞

恒星育婴室　原恒星　蓝超巨星　蓝巨星　中子星

原恒星　蓝超巨星　红巨星（有星风）　超新星（有中子星）

质量

原恒星　类太阳恒星　红巨星　行星状星云　白矮星

原恒星　红矮星　红矮星　白矮星

原恒星　褐矮星　褐矮星

时间

从诞生、迈入中年到最终消亡，不同质量恒星一生的演化轨迹都不尽相同

延伸阅读

在超新星爆发中，死亡的恒星可能会在新一代恒星中重获新生，因其在爆发时抛入太空的重元素会成为形成新一代恒星的原料。

恒星内所含的大量气体不是无限的，当核心熔炉的燃料消耗殆尽，恒星将迎来生命的终结。至于生命历程的长短以及最终会以何种方式谢幕，则取决于恒星的质量。

恒星的运作需要能量来维系，相比于小质量恒星，大质量恒星消耗氢燃料的速率要快得多。太阳是一颗中等大小的恒星，拥有的燃料可以维持大约 110 亿年的寿命。质量远超太阳的蓝巨星可能只需 100 万年左右就会将燃料耗尽；而质量比太阳还小的红矮星（最常见的恒星类型）可以持续燃烧数百亿年，其中最小的矮星甚至可以持续不断地燃烧数万亿年，这已远远超过了宇宙的年龄。

恒星一生的大部分时间都处在赫罗图中的主序带上，

此时的恒星以一种可预期且稳定的方式进行着演化。恒星核心中的氢融合成氦，释放出的能量抵消了自身引力引起的坍缩趋势，从而使整个系统处于平衡状态。但当恒星核心的燃料即将耗尽时，系统的平衡就被打破，恒星就会开始偏离主序带。例如，一颗白色恒星可能会膨胀成为一颗红巨星，红巨星表面温度相对较低，颜色偏红，但更为明亮。像太阳这样的恒星最终会坍缩为炽热的白矮星。

恒星的死亡

当恒星核心的氢燃料库存告急时，核心的核反应就逐渐停止。此时再也没有足够的能量来与引力抗衡，于是恒星开始坍缩。坍缩产生的热量最终会点燃外部壳层中的氢，开启新一轮的氢核聚变反应，核心中的氦进一步融合为碳。此时，新一轮核聚变释放的能量战胜引力坍缩的力量，使得恒星开始膨胀。

中等质量的恒星会演化成红巨星，牧夫座中的亮星大角星和金牛座中的亮星毕宿五就处于红巨星阶段。一旦可利用的燃料耗尽，恒星就会抛掉外层气壳，显露炽热的核心。这个核心会冷却下来，变成所谓的白矮星——一个状态稳定且逐渐冷却的恒星核残骸。在这个过程中，之前抛出的气体壳层会在原来恒星周围形成一团气体云，被称为行星状星云。这些膨胀的气体壳层会发出荧光，并能存在数万年之久，然后才渐渐变暗消失。著名的例子包括哑铃星云、螺旋星云、猫眼星云和指环星云。

8~25倍太阳质量的超巨星在演化到生命末期时，会以超新星爆发这一夺目的方式终结自己的一生。恒星的外包层会完全剥离，只留下致密的核心，强大的引力会使其变为密度极高的中子星。对于质量更大的超巨星，其引力作用更加强大，它们的核心最终会坍缩形成黑洞。

延伸阅读

在我们的银河系中，遍布有着恒星育婴室称号的大型气体云。借助双筒望远镜或天文望远镜，你可以在构成"猎户之剑"（猎户座腰带上悬挂的宝剑）的3颗星中间找到一个著名的气体云——猎户大星云（见第265页）。用一架小口径望远镜就能看到这片星云中的几颗年轻恒星，研究表明该区域还有其他正在形成中的恒星。形成恒星的原料也可能来自宇宙中上一代恒星发生超新星爆发时所抛出的物质。

爆炸与黑洞

大质量恒星演化的最后阶段会发生一系列壮观的变化。新星和超新星的爆炸都非常剧烈，恒星此时就相当于原子弹一样。当超巨星爆炸时，其核心有时会坍缩成黑洞，这是宇宙中最奇特和神秘的现象之一。

新星

新星爆发通常发生在双星系统中，而且其中的两颗恒星恰巧处于不同的演化阶段——一颗已经坍缩为致密的白矮星，而另一颗则处于红巨星阶段。在此情况下，如果红巨星膨胀得足够大，由于引力的作用白矮星可能会从红巨星吸取物质（主要是氢）。随着越来越多的氢聚集在白矮星表面，其中的压力和温度会不断升高，直到触发失控的热核反应——氢爆炸性地融合成氦。这个过程可能会让白矮星的亮度增加5个数量级，有时可以连续数周甚至数月用肉眼或借助双筒望远镜看见，直到爆炸残余物消散为止。新星爆发通常每隔数十年或数百年就会重复一次。

目睹超新星

相比之下，超新星爆发则是一次性事件。如果双星系

延伸阅读

宇宙中的金与其他重元素是在超新星爆发和更为奇特而壮观的中子星并合过程中形成的。2017年探测到的一次中子星并合事件发生在1.3亿光年之外，这次并合过程在中子星所在的宿主星系中产生了大量的黄金和铂金，质量估计高达地球的10倍。

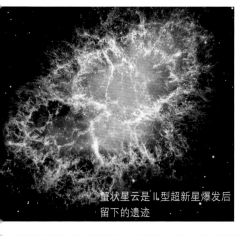

蟹状星云是Ⅱ型超新星爆发后留下的遗迹

少量的光子和粒子会在黑洞的视界附近随机产生并逃逸出去

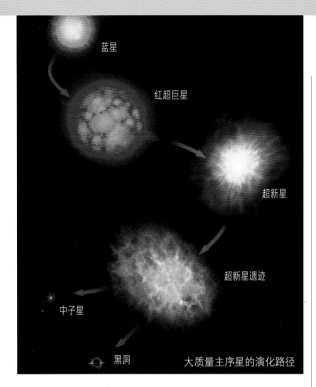

蓝星

红超巨星

超新星

超新星遗迹

中子星

黑洞　　　　　大质量主序星的演化路径

星空守望者：
史蒂芬·霍金

英国著名天体物理学家史蒂芬·霍金，毕生致力于宇宙论和黑洞领域的研究。他认为，黑洞这个引力的无底洞并不是完全黑暗的，而是会泄漏少量的辐射和粒子。如今这一观点已经得到物理学界的广泛认可。以量子效应理论推测出的这种由黑洞散发出来的热辐射也被称为霍金辐射。霍金辐射表明，黑洞并非只一味地从宇宙中索取能量与物质，它也会因为事件视界上的量子涨落向外辐射能量，直到最终蒸发殆尽。霍金指出，黑洞可以作为尝试统一宏观和微观物理理论的试验台，即将爱因斯坦的引力理论与描述电磁相互作用和核子相互作用的量子理论结合起来，要知道在物理学界这两者一直以来都是水火不容的。

统中的白矮星从伴星吸积了过多的物质，就会导致其核心的内爆，这就是Ⅰ型超新星。红超巨星核心发生的爆发属于Ⅱ型超新星，爆发产生的强大冲击波会将恒星外围的星际气体推向远处。超新星爆发时释放巨大的能量，可以使它在短时间内变得和它所在的星系一样明亮。超新星偶尔也能被肉眼看到——天空中突然出现的一颗亮星足以让地球上的观测者惊讶不已。天文爱好者常常能在邻近星系中发现超新星。

黑洞

尽管有些超巨星在生命结束时会坍缩成中子星，但对于质量最大的超巨星来说，其引力之强大，再没有任何力量能与之抗衡，星体中的物质会一直坍缩下去，直到形成一个体积近乎无限小而密度近乎无限大的奇点，即黑洞。没有任何物质能逃脱它的引力束缚，即使是光也不行。

星团

深空领域是疏散星团和球状星团的领地。这类引人注目的天体系统有些直接用肉眼就能看到，但是透过望远镜，你会更深刻地感受到宇宙的浩瀚和精妙。也许，再也没有比这更令人叹为观止的美景了。

延伸阅读

昂星团又称七姐妹星团，包含大约 3 000 颗恒星。大多数初学者都可以很轻易地看到其中最亮的 5 颗恒星：昂宿六、昂宿七、昂宿一、昂宿四和昂宿五。在非常理想的情况下，使用眼角余光法观测昂星团可以看到多达 20 颗恒星。顾名思义，眼角余光法就是在观测时不要直视观测对象，而使其略微偏离观测者的视线方向。

疏散星团

银河系充满尘埃的旋臂中也散布着成千上万的恒星群，它们中的许多因引力束缚作用形成了疏散星团。疏散星团是由在同一片巨分子云中几乎同时形成的恒星构成的恒星集团。它们有的只有寥寥数十颗恒星，也有的能坐拥数千颗恒星。自古就为人所知的昂星团就是一个位于金牛座的疏散星团。疏散星团在围绕银河系中心运行时，其中的恒星仅靠着微弱的引力作用（至少是暂时地）维系在一起。对于同一个疏散星团中的成员星来说，其年龄和化学成分都大致相仿，但质量却各不相同，它们通常分布在尺度 10 ~ 20 光年的空间区域内。

球状星团

球状星团是通过引力紧密束缚成球形的恒星集团。与

像图中蜂巢星团（M44）这样的疏散星团，通常含有数百到上千颗恒星

疏散星团相比，球状星团的个头更大，尺度在100～300光年，包含的恒星数量最多可达数百万颗。球状星团中的成员星也起源于同一片巨大的分子云，但是它们非常古老，年龄通常都在100亿～120亿岁（当时宇宙的年龄还只是现在的零头），而且其中有许多已经演变成了红巨星。相比之下，疏散星团中往往都是年轻而炽热的蓝星。

目前在银河系中已经发现了150多个球状星团，但可能仍有数十个球状星团隐藏在我们无法观测到的银河系的另一边。球状星团主要位于银河系的外围，散布在银盘上方和下方的银晕中，围绕着银河系的核心运行。银河系中远离恒星富集的天区比较容易观测到球状星团，比如武仙座、人马座和蛇夫座所在的天区，因为在视野中明亮的干扰天体较少。有些球状星团用肉眼就能看见，但借助一架102毫米口径的望远镜就能看到其外围的恒星，而254毫米口径的望远镜将能呈现出星团核心中密密麻麻的星点。星团中心的恒星可能非常密集，这使得想要分辨其中的单个成员变得极为困难。但其实这只是一种错觉，因为哪怕是在恒星最密集的星团核心区域，恒星之间也至少相隔有1光年的距离。

像武仙大星团（M13）这样的球状星团，通常含有数十万颗恒星

肉眼可见的星团

昴星团
所属星座：金牛座
适宜观测季节：冬季
星等：1.20
距离：442光年

蜂巢星团
所属星座：巨蟹座
适宜观测季节：春季
星等：3.70
距离：577光年

双重星团
所属星座：英仙座
适宜观测季节：秋季
星等：3.7/3.8
距离：7 502光年

M13 球状星团
所属星座：武仙座
适宜观测季节：夏季
星等：5.78
距离：22 180光年

野鸭星团
所属星座：盾牌座
适宜观测季节：夏季
星等：5.80
距离：6 120光年

延伸阅读

为了与可能存在的外星智慧生命建立联系，1974年，阿雷西博射电望远镜向大约2.2万光年外的武仙大星团发射了一组含有人类文明相关信息的无线电信号。

星云

发射星云中新诞生的恒星照亮了周围的云团

星云是由星际空间的气体和尘埃结合成的云雾状天体。星云又被称为气体云，是星际介质的一部分。尽管天文学书籍中有关星云的绚烂图像，大多使用普通天文爱好者难以企及的大型专业望远镜拍摄，但我们仍然可以透过目镜的实时观测来领略宇宙的壮美。你可以用肉眼看到大约24个星云，看起来是悬浮在星海中的微弱发光斑块。古代天文学家注意到了这些模糊的天体，称之为"星云"（源自拉丁语中的nebulae，原意是"云"）。这些星云中有很多都是肉眼看不见的，因为没有光照亮它们，但是可以通过它们发出的非可见光波段的辐射，或者通过对其中传播辐射的吸收效应来发现它们的存在。星云的起源、发光原理和所包含的成分共同决定它们能否被观测到。

发射星云

发射星云是被其中新诞生恒星发出的光照亮的云团。这些新生的恒星可将气体加热到10 000 K左右。这些恒星发出强烈的紫外辐射，照亮整个星云，气体吸收紫外辐射以后被激发，然后将吸收的能量以可见光的形式重新释放出去，发光原理类似霓虹灯。在猎户座中，位于宝剑中

延伸阅读

巨分子云是星系中尺度最大、最致密的星云状天体之一，其中的氢气储量充沛，有恒星育婴室之称。巨分子云中的气体和尘埃总量足够产生数千颗恒星。

心位置的星云就是如此。

行星状星云的名字容易让人错误地把它和行星联系起来，其实它们与行星毫无关系。实际上，它们是红巨星死亡时向外抛出的壳层留下的遗迹，是发射星云，比如天琴座的指环星云。这种类型的星云大多都可以用102～152毫米口径的望远镜看到。设备的放大倍率越高，得到的图像对比度也就越高，光污染滤光片也能提高观测的效果。

暗星云和反射星云

暗星云之所以暗，是因为其中的气体和尘埃密度太高，可见光和紫外线都无法穿透。因此，在丰富的背景恒星的映衬下，它们看起来像是一片深色的、形状不规则的剪影。尽管用肉眼看不见，但有些暗星云在红外波段的辐射很强，意味着其中存在热源，很可能来自内部气体和尘埃团的塌缩和恒星形成过程。这可以形成非常震撼的视觉效果，著名的马头星云就是一例。

顾名思义，反射星云自身并不发光，而是反射附近恒星的星光。反射星云中的尘埃会散射附近恒星的星光，看起来就像在发光。由于微小的尘埃颗粒更容易散射光谱蓝端的光，所以天文学家发现的反射星云往往呈现阴森的蓝色。

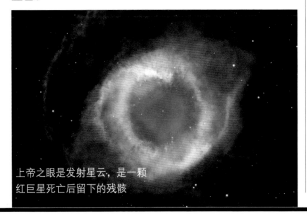

上帝之眼是发射星云，是一颗
红巨星死亡后留下的残骸

哈勃色彩的科学

哈勃空间望远镜为天文学的发展做出了巨大贡献，也是人类观测宇宙的一扇窗。它拍摄的各种天体照片让人目眩神迷，可谓是一场视觉盛宴。其中的一些代表作已然成为大众心目中天文学的最佳宣传海报。但图中的绚丽色彩是真实的吗？其实哈勃空间望远镜观测到的原始图像并非彩色，而是灰度图像。它会对同一观测对象使用不同的滤光片拍摄多张照片，每个滤光片只允许一定波长范围内的辐射通过，最后再将不同波长的成像合成一幅多波段复合图像。由于许多星云发出的辐射太微弱，肉眼观测不到，而使用彩色可以凸显其中的精细结构，以免错过那些肉眼看不见的细节。

深空观测指南

10世纪的波斯天文学家阿布德－拉赫曼·苏菲证明，即使是裸眼观测也能看到银河系之外的天体。他观测到仙女座中的"小云朵"，也就是我们现在熟知的远在260万光年之外的仙女星系。当然这也归因于他看到的是没有任何光污染的纯净夜空。纯净、无污染的星空对现代的观星者来说至关重要，因为即使在最理想的观测条件下，遥远的星系在夜晚的背景中也是很难分辨的。

观测小窍门

在观测星团、星云、星系等暗弱天体时，光污染程度是最关键的因素之一，其重要性甚至超过了望远镜的口径大小。在城市条件下，人造光源抹去了这些暗弱的弥漫型天体中的精细结构，而这些天体也通常占据了相对较大的视场。从视觉上，人马座的

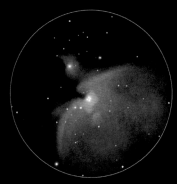

从望远镜中看到的猎户座星云
（示意图）

礁湖星云和巨蟹座的蜂巢星团都占据了满月三倍的视场。我们看不到这类大型的气尘云和星团的全貌，因为大天区观测中，干扰的天体更多，所以需要更纯净的背景才能观测到整个天体的全貌。

还需要注意的是，观测时机同样决定了观测体验。对于深空观测来说，月光是非常讨厌的，带来的影响非常大。所以最好把深空观测计划定在新月前后，以消除月光的影响，得到最为纯净、黑暗的背景。

当观测对象位于天顶附近时，可以得到更清晰的图像。因为此时被观测到的天体光线需要穿过的空气层更薄，被散射的也更少。所以在安排观测时间的时候，最好选择观测对象相对你所在观测位置的仰角最大的时候。你可以查阅本书第十章中各季节

猎户座星云在胡德山上空闪烁

图中是猎户座所在天区，右下角的蓝色恒星为参宿七，上部中间位置的橙色恒星为参宿四，它们中间是猎户星云

的星图，其中标出了深空天体的位置，从而确定最佳观测时段。

环境比望远镜口径更重要。在光污染很小的地区，即使使用小口径望远镜观测深空天体，观测效果也会比城市光污染环境中使用大口径望远镜要更好。但也有例外，一般来说在观测星团时，望远镜口径越大你能看到的细节就越多，对于星团中的单个恒星来说尤其如此。

颜色的线索

初学者在观测深空天体的时候很容易打退堂鼓，最常见的原因之一就是看到的和预想中的"广告照片"完全不一样，又糊又暗，灰不溜秋，毫无色彩和结构可言。其实这些鲜艳的颜色都是后期处理加上去的，用以表现天体发出的超出人类视觉范围波长的光。望远镜没法直接显示天体的这些精细的细节和迷人的色彩，需要一些后期处理技巧才能将这些隐藏细节凸显出来。不要直视，要让观察对象稍稍偏离视场的中心，也许能给你带来一点小小的震撼，这就是"眼角余光法"，可以使你观察到的结构细节更加清晰。

在观测深空天体时，人眼的灵敏度无法看到深空天体的颜色，当然，极少数表面亮度很高的对象除外。除了一些明亮、致密的行星状星云外，我们也能看到猎户座星云的颜色。猎户星云在肉眼看起来像是一片朦胧的光，但使用203毫米（8英寸）或更大口径的望远镜就能看到明显的带有绿色和粉色的旋涡结构云团。

旋涡星系 M74，其中的粉色
斑点是高温氢气云团

第八章

走出银河系

宇宙的起源

古代文明中有关宇宙起源的故事在今天看来都是一些无稽之谈，但讽刺的是，和这些故事相比，我们今天对宇宙起源的认识听起来可能更荒诞。现代宇宙学研究表明：我们的宇宙起源于一个密度和引力都无限大的奇点的爆炸，大爆炸后空间和时间诞生，随后释放出一股辐射流，然后辐射流开始冷却，物质逐渐形成，紧接着开始形成恒星、星系、行星，最后生命诞生。根据哈勃空间望远镜的观测数据估算，宇宙中大约存在两万亿个星系，每个星系包含数十亿颗恒星。

虽然关于宇宙的很多基本问题仍然没有答案，甚至可能根本就找不到答案，但最近的发现为我们描绘了一幅更为详细的宇宙演化图景。

宇宙的年龄

关于宇宙起源的争论在发现宇宙微波背景辐射后出现了转折，该发现也是大爆炸理论发展的里程碑。在1965年，贝尔实验室的工程师阿诺·彭齐亚斯和罗伯特·威尔逊发现在卫星通信中始终存在一个噪声信号，在多方排查后他们终于确定，"噪声"是无处不在的，并非来自某一

延伸阅读

澳大利亚的一个研究小组估计，宇宙中恒星的总数超过七百万亿亿（即七百万乘以一亿后再乘以一亿——7后面有22个零）。该小组使用了世界上最强大的两台望远镜，对一条带状天区巡天后，得出了这一结论。

星系团的伪彩色图像，其中橙色代表星光，绿色代表高温气体，暗物质核心用蓝色表示

1965 年
彭齐亚斯和威尔逊

1992 年
宇宙背景探测器

2003 年
威尔金森微波各向
异性探测器

2018 年
普朗克望远镜

主要探测器绘制的宇宙微波背景辐射图。随着技术的进步，用于观测的探测器也越来越先进，让我们看到了更多的细节

宇宙微波背景的科学

物质的普遍属性是：被压缩时温度升高，膨胀时温度降低。因此，我们推测，在早期阶段，宇宙的温度比现在更高，因为那时的宇宙更小、密度更高。换言之，宇宙从诞生至今，一直都在冷却。宇宙微波背景辐射就是原始宇宙高温的证据，这是大爆炸残留的辐射。当然这种宇宙背景辐射人眼是看不见的，只能以非常微弱的微波形式被探测到。通过测量这一辐射中的微小温度涨落可以大致估算宇宙的年龄，也能知道宇宙主要由暗能量和暗物质构成，尽管我们并不知道暗能量和暗物质到底是什么。

特定方向，而其波长与宇宙大爆炸理论预言的背景辐射一致，这一发现让他们名声大噪。得益于宇宙微波背景辐射这一宇宙中现存最古老的辐射的发现，让我们可以一窥宇宙极早期演化的历史。

虽然我们无法让时间倒流，但科学家使用威尔金森微波各向异性探测器最新的观测数据，可以精确地估算出宇宙的年龄。这一探测器于2001年发射，运行轨道距地球160万千米，科学家使用它的观测数据绘制了一张详细的宇宙背景辐射地图，同时，它还测量了微波背景辐射在全天中的差异，虽然非常小，但解释了较重的元素（即原子序数较高、相对原子质量较大的元素）、恒星和星系是如何从早期宇宙的辐射和物质中产生的。这一微波背景辐射温度分布图显示，宇宙的年龄为137.7亿年。2013年，欧洲航天局的普朗克探测器重新测得了更精确的观测数据，估算出的宇宙年龄为138.2亿年。

宇宙往事

光的速度是有限的，为299 792千米每秒。光速在日常生活中无法察觉，但在太阳系中就很明显了。由于太阳距离地球约1.5亿千米，离开太阳表面的光到达我们的眼睛大约需要500秒。换句话说，我们看到的是8.3分钟之前的太阳，而照在你卧室窗台上的月光是在1.3秒前从月亮上出发的。但如果我们计算光在银河系中的传播时间，你会大吃一惊。我们观测星空的时候就像是在时空旅行，因为光传播到地球上的时间太长了。比如，当你将望远镜对准距离我们最近的星系——250万光年外的仙女星系，你看到的其实是仙女星系和其中的恒星在250万年前的样子，那时候智人才刚刚在非洲大陆上出现。

宇宙膨胀

因为宇宙在不断膨胀，所以天体的位置也在不断改

延伸阅读

哈勃空间望远镜观测到了一个距离我们134亿光年的超亮星系，而宇宙的年龄只有138亿年，这一发现为我们了解宇宙形成极早期的星系和恒星提供了非常宝贵的信息。

大麦哲伦星云是一个矮星系，距离我们大约163 000光年

极早期宇宙中的原始类星体

光穿越太空需要时间，物体离我们越远，它的光到达我们这里的时间就越长。所以我们现在看到的天体其实只是它过去某个时候的样子。以离我们最遥远的星系为例，我们看到的是它们数十亿年前的模样。那么会不会有离我们特别远的星系，到现在它们的光都还没有到达我们这里呢？因为宇宙在不断地加速膨胀，所以只要星系离我们足够远，我们就有可能永远都没法看到它们。要看到它们，除非我们可以打破爱因斯坦的狭义相对论的限制，以超过光速的速度旅行，但这需要无限的能量。

变。我们是怎么知道的呢？当天体相对于地球运动时，它们的颜色将会发生改变。就像声音一样，光的波长也可以变长或缩短，在电磁波谱上的频率也会相应地发生变化，频率会变高还是变低取决于我们与它们的相对位置。试着回忆一下你是否有过这种体验，救护车向你驶来的时候，警报声的音调变得越来越高，然后在离你远去的时候音调越来越低沉，这就是多普勒效应。同理，当天体向远离我们的方向运动时，我们观测到的光波长变长，频率变低，往电磁波谱的红端移动（称为红移）。反之，当天体朝靠近我们的方向运动，我们观测到的光波长变短，向光谱的蓝端移动（称为蓝移）。

红移是大爆炸理论的关键证据，同时对于天文学家计算和比较遥远物体之间的距离以及理解宇宙结构也很重要。对天文爱好者来说，寻找这些遥远的红移星系是最具挑战性的工作之一，仅仅想到它们令人瞠目结舌的距离，就值得我们去寻找。

大爆炸

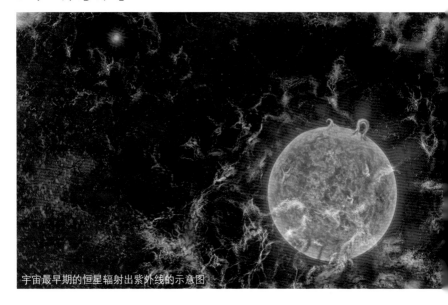

宇宙最早期的恒星辐射出紫外线的示意图

弗雷德·霍伊尔无意中提出了"大爆炸"一词。这位英国物理学家支持的其实是"稳态"宇宙模型，在这种模型中，物质会不断地产生，来填充不断膨胀的宇宙，这是一种可以无限持续下去的稳定过程。他提出"大爆炸"这个词的本义是想嘲弄那些支持宇宙是在一场灾难性爆炸中诞生的人，却没想到这个名字因既形象又朗朗上口而很快口口相传并沿用至今。霍伊尔当年所嘲弄的学说虽说现在仍有很多不完善的地方，但却与目前我们对宇宙越来越多、越来越深入的观测相吻合。

宇宙起源

如果大爆炸理论的模型是正确的，那么我们的宇宙就诞生于一个极端致密、高温的奇点，空间、时间和所有物质、能量被压缩其中。为了解释大爆炸理论，理论物理学家提出了各种不同的理论，弦理论就是其中之一，这一理论认为物质的基本组成单元是无质量的能量弦。这些弦不仅在四维时空（三维空间，一维时间）中存在，还在更高维的空间中存在，而之前的理论模型仅针对四维时空。

目前的理论研究对大爆炸发生的那一刻所知甚少，但已经开始研究大爆炸发生后不到1秒内发生的物理过程。理论研究表明，在大爆炸后的第一万亿分之一秒内，宇宙的膨胀速度快得不可思议。在接下来的数十亿年里，膨胀速度要慢得多。最初的约100万年里，宇宙中的元素存在于充满辐射的环境中。

宇宙最开始的主要成分是伽马射线——一种高温、高能光子。随后时空开始膨胀，光子逐渐冷却并衰变为构成物质的基本粒子。在宇宙诞生约30万年的时候，越来越多的基本粒子结合形成稳定的原子。这些原子都是最简单的氢原子和氦原子，氢和氦的比例大约是三比一，这一结果是通过对目前观测到的最古老恒星的成分研究得到的。随后宇宙继续膨胀，温度降低，这些氢和氦逐渐演化成了我们看到的宇宙中第一批恒星和星系。

当宇宙温度降低、基本粒子形成物质时，宇宙中的自由电子都被物质粒子吸收，物理学家称这个时候的宇宙变得"透明"。此时，光和微波等才能够在宇宙中自由传播，也正是因此，我们现在的电视卫星和普朗克卫星等设备才能够测量宇宙微波背景辐射，即今天宇宙中无处不在的大爆炸原始辐射的残留信号。

物质与反物质

在大爆炸发生后的早期阶段，物质和反物质粒子形成，当它们相遇时会发生湮灭，同时释放巨大的能量。反物质和物质粒子的数量应该是相等的，但由于物质的量稍稍多于反物质，才产生了目前的宇宙。而缺失的那些反物质是如何消失的，或者它们现在是否依然存在于宇宙的某处，这是大爆炸理论尚未解决的问题之一。

宇宙谜团

年龄只是宇宙的众多谜团之一，随着宇宙学研究的深入，越来越多的谜团相继出现，包括暗物质、暗能量和类星体等，不断刷新着我们对宇宙的认知。

暗物质

20世纪90年代对超新星的观测表明，宇宙正在加速膨胀，速度比早期理论预测的要快，科学家认为这是由于暗能量在对抗引力的作用，使得星系彼此远离。宇宙大约85%是由这种神秘的暗能量构成的，它们的存在只能通过观测来间接推断。

科学家一方面用暗能量来解释宇宙膨胀，另一方面又提出，有一种暗物质会产生强大的引力，使宇宙中的天体聚集起来。目前，科学家对暗物质和暗能量之间的关系尚不清楚。宇宙中的可见物质只占宇宙总质量的4%，而大约26%的物质是冷暗物质——我们看不见的物质。观测发现，来自遥远星系的光线会发生弯曲，说明光受到了

延伸阅读

即使像类星体这样的奇异天体，只要有合适的设备和敏锐的眼睛，资深天文爱好者也能观测到。例如在室女座（见第202页）的东上相（室女座γ）北面仅几度的地方，用一台口径不小于203毫米的望远镜，就能看到类星体3C 273。

由哈勃空间望远镜拍摄的遥远的星系

类星体示意图，类星体是宇宙中发现的最亮的天体

引力作用，因此推测有一种我们无法观测的物质产生了这种效果。通过比较银河系中可见物质的总质量和维持银河系成为引力束缚系统所需的物质质量，科学家得出结论，银河系中有我们无法观测的物质。褐矮星、黑洞和晕族大质量致密天体都可能扮演暗物质的角色，当然，目前还处在假设阶段的弱相互作用大质量粒子也同样占有一席之地。

类星体

类星体最早是在20世纪60年代在射电波段上发现的。起初，没有发现它们在光学波段的对应体，后来发现这些遥远的天体看起来就像是普通的恒星，类星体因此得名，这个名字的本意就是类星射电源。

通过计算类星体光谱的红移，我们发现类星体发出的光不可能是普通恒星级的核聚变反应产生的，它们离地球实在是太遥远了，普通恒星哪怕再亮，我们也是不可能观测到的。因此，科学家将目标转向了黑洞，黑洞与周围恒星和气体的相互作用发出的亮度可以是太阳的万亿倍，是唯一一种能给类星体提供足够能量的发动机。斯隆数字化巡天类星体星表迄今已识别出数十万个类星体，它们距离我们有数百万至数十亿光年。

 类星体的科学

类星体是刚刚诞生的巨型星系，在星系中算是婴儿，但其实它们非常古老，因为它们非常遥远，所以我们看到的其实是它们在早期宇宙中的样子。类星体由超大质量黑洞驱动，中心黑洞质量是太阳的数十亿倍。当黑洞吞噬其视界周围恒星的物质时，会形成一个盘状结构，也就是吸积盘，同时吸积过程也会产生强大的能量，形成亮度极高的喷流从吸积盘的上下方喷射而出，喷流中的粒子被加速到接近光速。类星体是宇宙中最亮的天体，比我们的银河系亮10万倍。通过哈勃空间望远镜发现，释放出巨大能量的类星体其实只是正常星系演化的必经之路。在宇宙最初的几十亿年里，它们非常活跃，但随着时间的推移，能量逐渐减少，到今天就演化成我们看到的"正常"星系了。

星系

椭圆星系　　旋涡星系

棒旋星系　　不规则星系

银河系和其他星系都是由恒星、星际尘埃、气体和暗物质组成的，对暗物质我们尚未完全了解，包括不发光的褐矮星、行星、黑洞和其他奇异天体等。星系有三种基本几何形态：椭圆形、旋涡形和不规则形态。

星系形状

大约有18%的星系是椭圆星系，它们有的接近球形，有的被拉伸成长椭球形。其中的恒星大都是年老的红巨星，它们沿着各自的轨道绕着星系中心运行。旋涡星系围绕高亮度的星系核旋转，旋臂从星系核向外螺旋延伸。在观测到的所有星系中，旋涡星系占78%，其中既有古老的恒星也有年轻的恒星，通常年轻的恒星会形成较活跃的尘埃云团。至少有三分之一的旋涡星系是棒旋星系，银河系就是其中一，它们的旋臂从星系中心棒形结构的两端向外延伸。

不规则星系只占星系总数的约4%，由恒星组成，没

延伸阅读

银河系和仙女系在以前有可能靠得更近，与一个矮星系的碰撞才使它们之间的距离变大了。

有固定的形状，有很多恒星形成活跃的星云。

星系碰撞

　　虽然星系间的距离都非常远，但碰撞依然时有发生。尽管星系的质量非常大，但在碰撞时也有可能被撕裂。例如，乌鸦座中的触须星系其实就是正在合并的两个星系。有时，较大的星系会直接将附近的矮星系吸收。银河系就曾经吸收了许多较小的卫星星系。

星系团

　　星系包含数十亿颗恒星，与周围的星系形成星系团结构。例如，我们银河系所处的星系团称为本星系团，其主要成员银河系和仙女星系是本星系团中最大的2个星系，另外还有30多个小得多的成员星系分布在大约1000万光年的距离上。有的星系团由数千个成员星系组成，星系团本身也是更大的超星系团的组成部分。

　　超星系团也会形成更大尺度的结构，使宇宙在大尺度上存在"团块"。星系、星系团和超星系团都分布在比它们本身的厚度大得多的纤维状结构上。

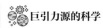

巨引力源的科学

宇宙中有一个所谓的"巨引力源"，我们银河系中心的超大质量黑洞和它比起来也是小巫见大巫。这个巨引力源位于大约1.5亿光年之外，是一个由星系和暗物质聚集形成的集团，它吸引着周围的一切，包括银河系所在的本星系团。它正以大约805千米每秒的速度把我们拉过去，而室女座超星系团的其他星系团也同样如此。通过天基观测，我们找到了巨引力源所在的超星系团的中心，一个被称为 Abell 3627 的星系团。

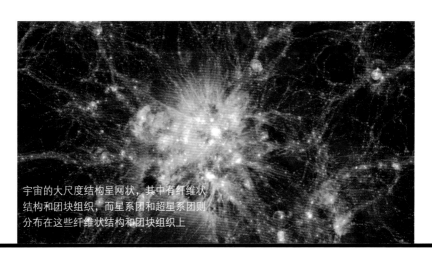

宇宙的大尺度结构呈网状，其中有纤维状结构和团块组织，而星系团和超星系团则分布在这些纤维状结构和团块组织上

星系狩猎指南

深空观测需要练习，并充分挖掘手中器材的潜力。想看见更多的细节，那么望远镜的放大倍率很关键。但在选择望远镜目镜时，要在放大倍率和视野间有所权衡：观测大型星系不需要很高的放大倍率，但需要更大的视场和较高的对比度；在更大的放大倍率下，视场更小，但可以看到更小、更亮的星系。

深空导航

无论是对初学者还是老练的观星者来说，用望远镜观测星系都是一项艰巨的挑战。星系是巨大的延展天体，所占天区较大，可能有好几度，或者说视场宽度是满月的好几倍。星系的旋臂因为表面亮度低，即使用大口径望远镜也几乎看不见。尤其是在寻找正向旋涡星系（当星系的盘面向我们时，称为正向星系）的旋臂时，正向旋臂看起来往往是模糊的椭圆形斑块。当旋涡星系的盘稍稍倾斜，斜对我们视线方向，反而更容易观测到。

当你使用的望远镜口径达到305～406毫米时，才能看到星系的细节结构，比如暗尘带，或者是星系的外围区域，有时看起来像是一些斑块。这些细微的不规则斑块是恒星形成区，也是星云和星团的所在位置。

观测星系可以使用牵星法，简单来说就是顺藤摸瓜，先选择一系列适当的参考星，规划好参考星的观测顺序，逐渐逼近目标。参考星的选取从亮到暗，观测视场也由大到小，越来越靠近目标星系。首先从裸眼开始，然后使用双筒望远镜或寻星镜，按照广角低倍率目镜到高倍率目镜的顺序观测，逐渐增加放大倍率，就能看到越来越多的暗弱恒星。8～10倍、50毫米口径的寻星镜非常适用于暗星的牵星法观测和发现表面亮度较低的星系。

狩猎神器——星表

梅西耶星表中有40个星系，这些星系都是观星者能找到的最大、最明亮的星系。根据星空的背景亮度，用裸眼可以看到三个星系：仙女星系（M31）、三角星系（M33）和波德星系（M81）。在观测条件较好的时候，只需要一台7×50的双筒望远镜就能够看到梅西耶星表中的所有星系，因此可以将这些星系作为观测对象进行星系观测初级训练。

除梅西耶星表之外，下一个值得观测的是新总表（《星云星团新总表》）及其续编中的星系。使用203毫米口径的望远镜可以观测其中的几百个星系，而406毫米口径的望远镜中将能观测到数千个星系。

使用一台152毫米口径的望远镜就能在狮子座方向看到许多容易观测和定位的星系，当望远镜的口径增加到203～305毫米时，北斗七星、秋季大四边形和武仙座的拱顶石这三个区域中的星系就够你观测好一阵了。

一般来说，152毫米口径的望远镜可以看到13等的星系，而254毫米口径的望远镜可以看到14等的星系。星系核心通常是最亮的，也最容易找到。

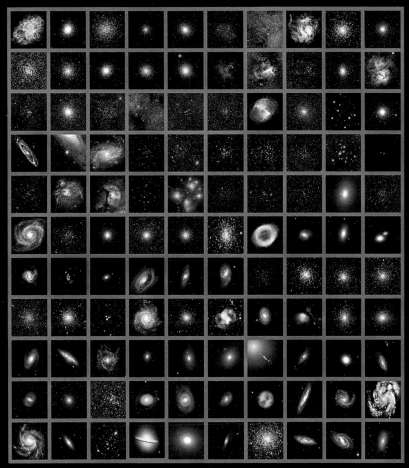

梅西耶星表全图，自蟹状星云M1开始，到右下的矮椭圆星系M110结束，由天文学家查尔斯·梅西耶编目

1997 年海尔－波普彗星造访
地球时的照片

第九章

星空导航

星座和星群

神话艺术中的狮子座与星空中的狮子座

在法国拉斯科洞穴中，发现了大约16 000年前绘制的史前壁画，研究人员认为壁画中包含着史前星图的元素。其中有一些表示月相的图形，还体现了昂星团，并画出了三颗恒星的图案，今天称其为夏季大三角。且不论目的为何，可能是划分季节，或者是在旅行中辨别方向或记录历史事件，这些图画证明了人类渴望了解我们头顶的星空。人们的观星过程通过星座和星群的模式一直流传至今，当然，了解星座和星群之间的区别很重要。

星座起源

古人一共定义了48个星座，其中包括猎户座、天蝎座和飞马座等著名的大型星座。这些星座名称出现在很多的诗歌作品中，比如公元前3世纪阿拉托斯所著的《物象》中就有收录，还被编入公元2世纪托勒密所著的《天文学大成》之中。今天我们所使用的星座名称也反映出它们起源于古希腊罗马神话。通过给单个恒星命名，特别是那些特别亮的星，人们逐步创建了沿用至今的星图。

直到16世纪初，南北半球之间的航海活动才逐渐增

延伸阅读

狮子座是已知最古老的星座之一，在许多文化中都是一头狮子的形象。古代美索不达米亚人早在公元前4000年就有了关于狮子座的记录。

多，那些古代巴比伦人、希腊人和罗马人未曾看到的南天星座才被加入星图，填补了原有星图只有北天星座的空白，完整的星图也随之诞生。

最终，完整的星图包含全天的88个星座，其中包括少数几个新增的北天星座和整个南天（包括南极区域）的所有星座。

20世纪20年代，随着天文学发现的步伐加快，国际天文学联合会正式确定了每个星座的边界，使每个星座不仅代表一组恒星，更标志着一个规整的天区。这个星图现在成了天文观测的基本工具，现在你在其他不同星图中看到的星座中恒星连线的方式可能有所差异，但它们所有的成员星和所代表的天区是一样的。

星群

你查阅星座列表时，会发现我们熟知的那些名字并不在其中，比如北斗七星和小北斗七星，请不要惊讶。像北斗七星这样的名称指的是星群：一些众所周知且具有独特形状的一小群恒星的名称。它们可能是某个星座的一部分，但它们本身并不是星座。例如，大北斗七星和小北斗七星就分别是大熊座和小熊座的一部分。

南天星空的故事

南半球的波利尼西亚人在航海的时候，利用南天星座之间的相对位置和星座相对地平线的位置来导航。另外，在大航海时代前，古代中美洲国家的历法和纪念性建筑中也包含很多天文学元素，说明他们也对南天星空进行过深入的研究。

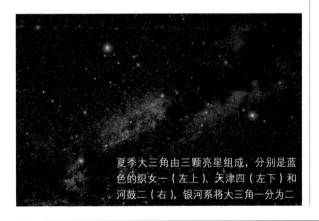

夏季大三角由三颗亮星组成，分别是蓝色的织女一（左上）、天津四（左下）和河鼓二（右），银河系将大三角一分为二

南天和北天星空

托勒密绘制星座图时，很可能采用了古代美索不达米亚天文学家流传下来的方式。他们观测的位置在北纬35度附近，一直延伸到北天极的北半球星空都是可以观测到的。从理论上讲，观测的范围可以向南拓展90度，即延伸到-55度附近，当然实际的可观测范围要小10度左右，因为地平线附近的天体很难被观测，再往南的星空会被地球本体挡住。一些南天星空的特征星座，如著名的南天十字架——南十字座，虽然也有一部分位于地平线以上，但没法看到全貌，所以被人忽略，直到17世纪，它才被视为半人马座的一部分。

观测位置

我们观测到的星座取决于所在地的纬度，这一点古今一辙。然而我们仍然将星座划分成北天星座和南天星座，这样不仅描述方便，也有助于我们将星空想象为一个连续的统一体。用天球坐标系来描述星座的位置则更为准确，在一个包围着地球的假想天球上（见第15页），每个星座的位置用赤纬范围表示。北天星座指在大部分时间里，都位于0~90度赤纬范围内的星座，它们在北半球更易于观测，南天星座同理。

现实中存在一些极端情况，有些星座如小熊座、仙王座和天龙座，被称为"北天拱极星座"，它们在北天星空中始终都

延伸阅读

1595年，荷兰航海家彼得·凯泽远航至东印度群岛后，观测到了十几个新的星座，传统的星座列表开始加入新鲜血液，后来乔安·拜尔将这些星座都编入了他1603年出版的星图测天图中。彼得·凯泽的这次航行已到达了非洲大陆的最南端，约南纬34.5度。

1708年的南天星座版画

南十字星座是南方夜空中非常著名的星座，位于它左侧的较暗区域是煤袋星云

位于地平线以上*，一年四季都可以看到。这类星座都位于偏北的高赤纬天区，有的可能会在某些季节延伸到南天区域，但在南半球很难看到，只有赤道附近的人才能看到。从澳大利亚北部观测，北斗七星几乎位于北方地平线的正上方，只能勉强看到。一些著名的星座，如猎户座和室女座，非常接近天球赤道，因此南北半球都能观测到，只是观测季节会有差异。有些星座既非拱极星座，也非天球赤道星座，能否看到它们取决于观测者的位置。理论上讲，赤道上的观测者可以在几个晚上的观测中看到全天88个星座。而随着纬度的较大变化，那些你非常熟悉的星座的方向看起来可能会出现不同，呈现倾斜、侧向甚至是颠倒。例如，从北半球来的旅行者在南半球会发现猎户座是上下颠倒的。

---

*译者注：拱极星座只是一个相对概念，与观测者所在地的纬度有关，北半球不同纬度的拱极星座是不一样的。在对星座进行分类时，通常只针对40~50度中纬度地区，因此拱极星座大都指北天拱极星座，同时南天拱极星座因为没有亮星，所以相对不太受到关注。

延伸阅读

世界上不少大型天文观测站都设在智利的阿塔卡玛沙漠，那里已成为天文观测的殿堂，让很多天文学家和业余天文爱好者心驰神往。在那里，人们白天可以参观各种大型望远镜观测站，夜里又能尽情欣赏没有光污染的美丽星空，这使得当地的天文主题旅游蓬勃发展。

星空路标

肉眼可见的明亮天体可以用来帮助我们找到那些只有望远镜才能看到的暗淡天体

学习辨认星座需要一点耐心，而好处是它不需要任何设备，只需要双眼就够了。请记住，主要星座都是古代的观星者在几千年前用肉眼辨认出来的。这些星座所占的天区可能很大，想要辨认它们需要有广阔的视野。对新手来说，最佳的观测环境不一定是纯净暗空，因为一下子看到漫天的恒星可能会让初学者眼花缭乱，很难找到那些熟悉的恒星当作参照物，在存在中度光污染的城郊来学习辨认星座可能更为理想，因为只能看到较亮的恒星，更容易找到参考星。

星座的季节性变化

在典型的城市环境中，四周可能会存在树木或建筑物遮挡而影响观测的问题。观测前要事先查阅星表，然后根据所处环境和可观测天区制订观测计划，确定好不同季节的观测对象。以北半球中纬度地区为例，南天的很多星座也是看得见的，夏季你可以欣赏到射手座和天蝎座，而秋冬季节里，猎户座几乎就成了星空的代名词。

对星座的周期性变化需要了然于胸。理论上来说，那些为数不多的拱极星座全年可见，但因为观测地的纬度差异，它们的赤纬还是会随着季节发生变化。一年之中，它们同样有一个最适宜观测的时间段，此时它们的赤纬最高、可视性最佳。位于天顶（天空中的最高点）的星座，观测时受到的大气干扰最小，观测起来最为清晰。为了规划好你的年度观星计划，你还需要知道当地的星图。在天文馆类的应用程序或者网站上都可以查阅星图，甚至可以设置具体的观测位置、日期和时间来获得精确的星图。很多天文类的出版物中会有星图供读者查阅。

闪亮的路标

通常，星图中会使用拜耳命名法，即按星座中成员星的星等顺序，用星座拉丁名称和希腊字母组合的方法来命名，如猎户座中最亮的恒星叫作猎户座 α，以此类推。但并不是所有的"α"恒星都非常亮，只是相对于该星座的其他恒星而言是最亮的。猎户座之所以引人注目，是因为它包含三颗天空中最亮的恒星：参宿七、参宿四和参宿三。大犬座中有天狼星这颗全天最亮的星为标志，而双子座中有北河二和北河三两颗亮星为标志。在星图中，这些亮星都会用大圆圈标记出来。先从最亮的星、最大的星座开始观测，根据这些星座的可观测时间，找到它们并观察其中的各个恒星成员，再尝试使用星桥法来找那些比较暗的星座。

黄道带的著名星座也不都是容易找到的。例如，巨蟹座没有星等低于4等的恒星，不太容易定位。但好在它位于狮子座和双子座之间，这两个星座可谓大名鼎鼎，其中也都有亮星很容易找到，通过这两个星座可以顺藤摸瓜找到捉迷藏的巨蟹座。

延伸阅读

许多鸟类都会在夜间迁徙，因为这时捕食者较少，它们在迁徙中会利用星星来导航。像鸦科的鸟类就会利用北极星来帮助自己定位，通过观察星空的旋转来确定自己的方位。研究表明，很多迁徙的动物也会利用亮星来辨别方向。

仙后座是秋季星空标志性星座

重要星座和星群

星空中充满了各种美丽动人的景象，随着地球的公转，星座和其他星群也会在夜空中变换位置，这些美丽动人的景象也随之出现周而复始的变化。星空中的主要季节性标志中，星群有夏季大三角（夏季），星座有仙后座（秋季）、猎户座（冬季）和狮子座（春季）。在开始星空探索之旅前，先来介绍其中最著名、最容易辨认的两个：一个是全年可见的北斗七星，另一个是冬季的北天星座。

北斗七星

北斗七星可能是北天星空中最常见的星群，北半球的绝大多数地区全年都能看到它，这是因为北斗七星在北天球中的赤纬较高，观测仰角较大。但很多人不知道的是，它实际上并不是一个星座。它只是一个星群——一个由恒星组成的图案，不是国际天文学联合会正式承认的88个星座之一。星群可以完全由一个已知星座中的恒星组成，比如狮子座中的镰刀，也可以由多个星座中的恒星共同组成，比如由天鹅座、天鹰座和天琴座三个星座中的恒星组成的夏季大三角。北斗七星的所属星座为大熊座。

猎户座

顺"斗"摸"星"

北斗七星的勺柄位于大熊座的熊尾巴位置，而北斗七星方形的勺部是大熊躯干的后半部分。画一条恒星之间的假想线，延长假想线就能找到邻近星座。从偏橙色的北斗一向北作一条假想的延长线，就会在这条延长线上找到北极星。将北斗七星勺柄

北斗七星"勺"部的橙色北斗一指向北极星

的曲线延长，继续向外画出弧线就可以找到牧夫座中的大角星（北天夜空中最亮的恒星），沿着这条弧线继续向前，就能找到室女座中最亮的恒星——角宿一。在观星者中甚至有这样一句话："勺柄圆弧到大角，往前直冲角宿一。"

猎户座

在北半球，猎户座是冬季星空中的国王，它独特的外形中充满了亮星和其他天文景观。天空中最亮的恒星中有两颗都在猎户座：北面是参宿四，全天亮度排在第十位；南面是参宿七，全天亮度排在第七位。但猎户座真正让天文爱好者神魂颠倒的魅力之处在于它的腰带和挂在腰带上的"剑"。在那里你会发现猎户星云，它是为数不多的肉眼能看到的星云之一，要想欣赏到它的美丽，最好还是要用望远镜观测。猎户座也是一个非常好的星空导航路标，沿着猎户座腰带的延长线就可以找到附近的大犬座和金牛座。

 跟着"舀水葫芦"走的故事

在美国民间，"舀水葫芦"是指北斗七星。曾经有美国南方的黑奴为了获得自由而沿着"地下铁路"向北逃亡，他们称北斗七星为"舀水葫芦"，可以帮助他们找到北极星，在逃亡中辨别方向。

黄道十二宫

随着星座的不断发现，原有的托勒密星座列表不断扩充，星座名称不再以神话传说中的人物、动物或怪物为主，而是变得更加多样化，还出现了用显微镜、六分仪等仪器设备命名的星座，也从侧面反映了17、18世纪科学的蓬勃发展。但是，那些古老的星座仍然在星空中占主导地位，学会辨认这些星座是我们认识星空的第一步。黄道十二宫的星座就是由12个著名的动物、人或物品命名的。这些星座环绕地球，分布在天球上的一个条带状区域中，这一区域被称为黄道带，黄道是太阳周年运动的路径在天球上的投影。

黄道十二宫中的星象

黄道十二星座[1] 的名字对大多数

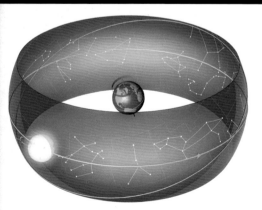

太阳的周年运动在天球上的路径
穿过黄道带上的星座

人来说都很熟悉，因为它们和占星术这一伪科学以及大众流行文化紧密地联系在一起。"黄道十二宫"一词来自希腊语，原义是"由动物组成的圆圈"。黄道十二宫的星座大多数与动物有关：白羊座的星象是一只公羊；金牛座的星象是一头公牛；双子座的星象是双胞胎；巨蟹座的星象为一只螃蟹；狮子座的星象是一头雄狮；室女座星象是一位少女；天秤座的星象是一个天平；天蝎座的星象是一只蝎子；人马座又称射手座或半人马座，星象是一个半人马射手；摩羯座的星象是一只海羊；宝瓶座的星象是一个水瓶；双鱼座的星象则是两条鱼。

古人对十二宫中的星象曾有很多不同的解读，现在知道的人恐怕已经不多了。比如双子座中的双胞胎通常指的是希腊神话中的卡斯托尔和波吕克斯兄弟，但也曾用一对孔雀或山羊来指代。摩羯座的星象最初只是一只山羊，这是迦勒底人或巴比伦牧民常见的星象，但后来"长"出了一条鱼尾，这可能

---

[1] 译者注：严格来说，黄道十二宫是基于太阳在黄道上的周年视运动来定义的，是一种历法上的划分，与二十四节气类似。十二宫每一宫都是30度，以附近星座来命名。

与希腊传说中为了逃避怪物而跳进尼罗河的潘神有关。不同地域的古文明对黄道的划分和其中星象的解读都不一样，如古代中国就使用了很多宗教元素来划分和定义黄道中的星象。最早将黄道分为十二宫的是公元前3000年的古巴比伦人。

17世纪星图中的摩羯座星象

宫位更替

真正使黄道十二星座区别于其他星座的是它们的位置在黄道上。黄道是地球绕太阳运行的轨道，是天球上的假想圆形轨道。一年之中，随着地球绕着太阳的周年运动，十二宫星座会依次出现在我们的夜空中，最初从东方升起，而后越升越高，最后在西方落下，周而复始。在十二星座位于最西边的阶段，太阳的位置大致会与它对齐，或者说太阳"位于"这个星座之内，这也就是黄道十二星座的由来。例如，在北半球夏季的夜空中，射手座非常突出，到了冬天，射手座渐渐下落，降到了西边。此时太阳大致就在它的前方，在北半球会看到射手座几乎随着日落一同消失在地平线以下。所以它"支配"着从11月22日到12月21日之间的这段时间。

占星术的错配

虽然黄道十二宫确实对应了12个星座，但实际在黄道带上共分布着多达21个星座。这些被忽视的星座中最大的是蛇夫座。蛇夫座非常宽大，太阳穿过蛇夫座所在天区所用的时间比著名的天蝎座都要长。然而，在占星学的黄道星座中却没有蛇夫座的一席之地，具体原因未知。占星学不光遗漏了一些星座，还存在一个更严重的问题：地球的自转轴会像陀螺仪一样摆动，这意味着自黄道十二宫被发明以来，太阳在天球上的运动路径其实已经发生了变化，其路径上的星座也和当年不一样了。换句话说，太阳在古代的特定日期所处的星座，与现今同一日期所处的星座完全不一样。

意大利威尼斯，一座建造于1499年的钟楼上描绘了托勒密的宇宙系统——太阳绕地球运动，穿梭于黄道星座之间

第十章

星图

四季星图

接下来，我们将会开始北半球的星空之旅。本书为每个季节都提供了两张全星图，以及值得我们注意的区域星图，还有各个季节适合观测的星座及其对应的基础信息。

在每个季节的第一张星图中，我们标记上了目视可见的星座、亮星以及一些易于观测的深空天体（例如星团、星云或者星系）的位置。第二张星图是第一张星图的简化版，标记了同一区域中最亮的星座周围，一些非常容易观测的星组，星图中还用箭头标出了常用的星桥。星桥法可以帮助我们从明亮的天体开始，慢慢地转向比较暗的天体（详见第20页）。

要记住，随着地球的运行，星空也在不停地变换，星图只能展示特定日期、特定时间于特定地点的星空。这些星图都是基于北纬40度的位置绘制的，星图上标记了对

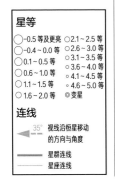

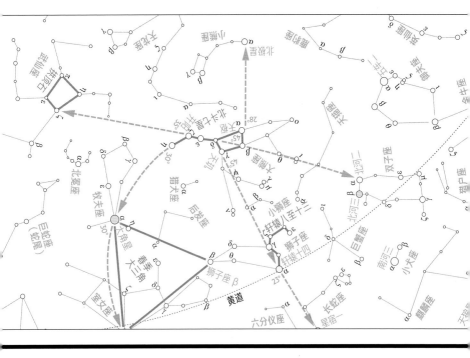

应的日期和时间。

定位

　　本书中的星图展示的是你在特定时间大概能看到的天体，但同样具有参考价值。恒星和星座与太阳一样，东升西落，有时会一直处于地平线以下，好几个月都观测不到。在对照星图前，你需要把星图转一下，让星图底部的指针方向和你面对的方向保持一致。如果从北纬40度来观测星空，我们会发现北天半球的星座都在天空当中比较高的位置，而有些南天半球的星座会没入地平线以下，无法观测。当然，如果从北半球往赤道方向走，我们也会发现北方的星座慢慢地靠近地平线。为了能够准确地定位，我们选择了北极星来做参考，在北纬40度的地方看起来，北极星似乎就在北方天空一半高的地方。如果在纬度更高的地方，北极星的位置也会稍微高一些，反之亦然。同理，其他的一些星星也会有类似的高度变化。

星图特征

　　星图边缘的一圈黑色的剪影代表地平线。虽然理论上来说，靠近地平线的一些星座也是可以观测得到的，但地平线上10度以内的天体通常很难观测。

　　本书中的星图上包括很多5等星，并用线连接来表示星座，这些天体在乡村环境里还是能轻松看到的。图上标明了3.5等星及更亮的恒星，有的还标明了颜色。星图上星星的大小代表它的星等，但是随着周遭环境的亮度不同，我们能够观测到的星星数量也会变化。城市的灯光污染严重，能够看到的星星数量远比乡村中少。深空天体用了不同的符号表示。黄道，也就是地球围绕太阳运行的路线，也是黄道星座的运行路线，在星图上用虚线标出了黄道。星图上泛白的区域代表银河。

最佳观测时间

御夫座
星图：冬季
月份：12月 / 翌年1月

猎户座
星图：冬季
月份：1月 /2月

金牛座
星图：冬季
月份：1月 /2月

巨蟹座
星图：春季
月份：3月 /4月

牧夫座
星图：夏季
月份：5月 /6月

人马座
星图：夏季
月份：7月 /8月

天琴座
星图：夏季
月份：8月

摩羯座
星图：夏季
月份：8月 /9月

天鹅座
星图：夏季
月份：8月 /9月

飞马座
星图：秋季
月份：9月 /10月

星座图

在你掌握了星空的基础知识后，就可以开始探索一个个星座了。本书把所有的星图都按照最佳观测季节进行了划分。每个季节的内容中，我们会优先介绍较为突出、有趣的天体。

本章将介绍国际天文联合会认可的88个星座中的58个，其中包括托勒密最初在《天文学大成》中划定的48个星座，以及一些后来增补以"填补"天空空白、在北半球可以看见的星座。而很多位置靠南的星座本书并不做介绍，本书介绍的星座需要在北纬40度才能够观测，且这些星座在最佳的观测时间能够到达夜空中的最高点。

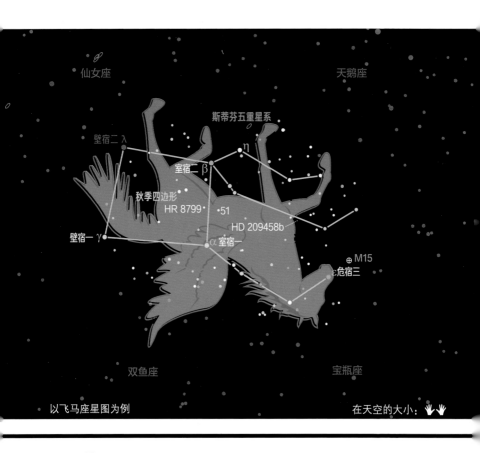

以飞马座星图为例   在天空的大小：

基本信息

在每个星座的名称下面，是相关的几则基础信息。"组成"是指这个星座是由多少颗亮星（此处指比5等星更亮的星星）组成的，因为在天空较暗而周围环境又比较理想的情况下，5等星是肉眼可见的。"最佳观测时间"是指在哪些月份最适合观测。"位置"，则是指星座在全天星图当中出现的地点，或者是我们如何找到这个星座。"深空天体"是指该星座周围能够用双筒望远镜或天文望远镜观测的星系、双星、星云等。部分星座还配有大型望远镜拍摄的图像，并在边栏中对照片进行了进一步的说明。

星图中的星座

每一个星座都配有对应的星图，图中呈现了这个星座的主要恒星、星座中有趣的天体，还有临近的星座的一些天体。"天空中的大小"是指利用张开的手掌或捏紧的拳头估量的星座在天空中的约略大小（方法详见第20页）。在星图的背景上，还标出了很多背景恒星和周围的星座，以便我们观测时定位。星图中有一些画上去的线，这些线将属于该星座的星星连在了一起，而星座名对应的神话中的人或物也在图中用阴影画了出来。图中还标明了最主要的恒星名字。

本章中还经常出现"主要恒星"边栏，提供了当前星座中主要恒星的基础信息，包括这些恒星的质量、颜色，以及到地球的距离。通常来说，边栏中的恒星都是用星等来排序的，其名称遵循拜耳命名法，最亮的用希腊字母 α 来标示，然后是 β，依此类推。早已为人们所熟知的恒星，就用常用名标注，还有的恒星标明了颜色。但是，如果星座整体较暗，那么只有明亮的恒星才会被标注出来。

春季

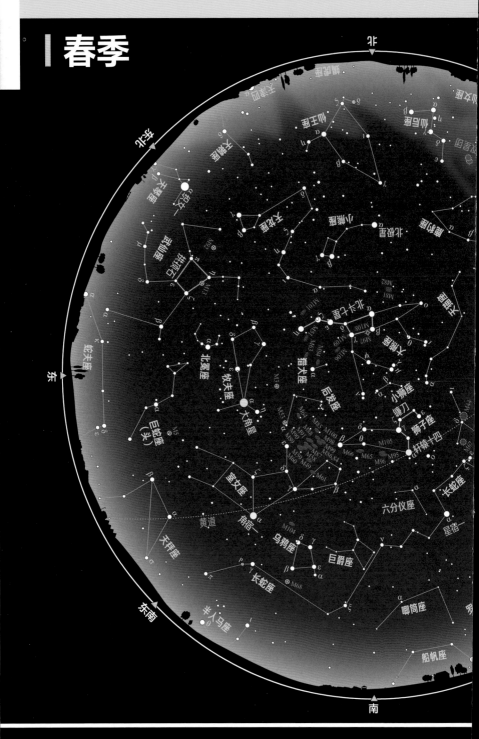

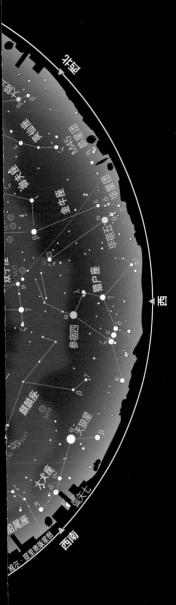

春季是观测星系的最佳时间。在春季，地球相对于银河系的位置发生了变化，银河系中心的位置位于东部地平线以下，我们也得到了一窥深空、欣赏隐秘天体的机会。随着夜晚渐渐变短，猎户座西沉，慢慢湮没在了暮光中，与此同时，武仙座和牧夫座在明亮的大角星的带领下，慢慢地从东方升起，向天顶进军。

大熊座在我们头顶高悬，而其下方则是北极星。狮子座盘踞在南部星空，镰刀形的狮头很容易辨认；室女座则在东南方向闪耀。这两个星座里面，有很多的星系可供观测，包括室女座超星系团、草帽星系（M104）和很多其他的梅西耶天体。

日期	时间
3月21日	晚上11时
4月1日	晚上10时
4月21日	晚上9时

星等

- ● -0.5 等及更亮
- ● -0.4 ~ 0.0 等
- ● 0.1 ~ 0.5 等
- ● 0.6 ~ 1.0 等
- ● 1.1 ~ 1.5 等
- ● 1.6 ~ 2.0 等
- ● 2.1 ~ 2.5 等
- ● 2.6 ~ 3.0 等
- • 3.1 ~ 3.5 等
- • 3.6 ~ 4.0 等
- · 4.1 ~ 4.5 等
- · 4.6 ~ 5.0 等
- ⊙ 变星

深空天体

- ⊛ 疏散星团
- ⊕ 球状星团
- □ 亮星云
- ◇ 行星状星云
- ⬭ 星系

春季星桥

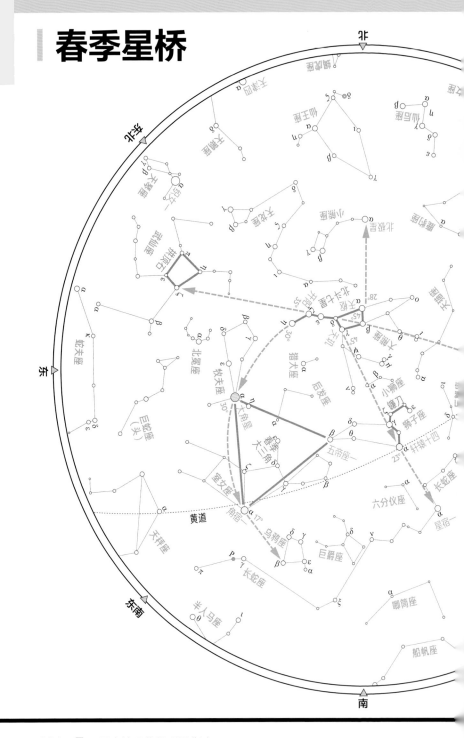

194　　国家地理终极观星指南

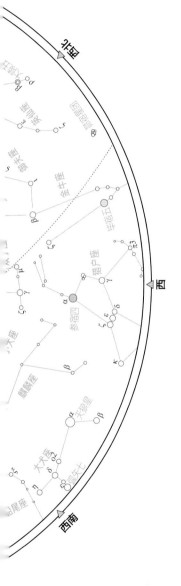

大熊座爬上天顶之后，北斗七星为我们辨认附近的星座提供了非常多的信息。如果我们沿着勺子头（天玑和大熊座 δ）向南画一条虚拟的线，那么线就会接近狮子座的轩辕十四（蓝白色）。如果把这条线继续向南延伸，会遇见长蛇座的星宿一。如果用北斗七星中的天权（大熊座 δ）和天璇（大熊座 β）作为星桥，能定位到双子座和武仙座。

顺着勺柄的弧度寻找，我们就会看到牧夫座的大角星，这颗星星是春季大三角的一角。从大角星沿着刚刚的方向往南方移动，就会看到春季大三角的另外一角——室女座的角宿一。春季大三角的第三位成员就是五帝座一（狮子座 β），它处于狮子座尾巴的位置。天空中的镰刀形状非常引人注目，也是我们找到狮子座最方便的办法。

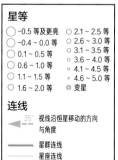

星等
- ◯ -0.5 等及更亮
- ◯ -0.4 ~ 0.0 等
- ◯ 0.1 ~ 0.5 等
- ◯ 0.6 ~ 1.0 等
- ◯ 1.1 ~ 1.5 等
- ◯ 1.6 ~ 2.0 等
- ◦ 2.1 ~ 2.5 等
- ◦ 2.6 ~ 3.0 等
- ◦ 3.1 ~ 3.5 等
- ◦ 3.6 ~ 4.0 等
- ◦ 4.1 ~ 4.5 等
- ◦ 4.6 ~ 5.0 等
- ◎ 变星

连线
- ◄--- 35° 视线沿恒星移动的方向与角度
- ── 星群连线
- ── 星座连线

大熊座

组成：20 颗恒星
最佳观测时间：
3月 / 4月
位置：星图中央
深空天体：
开阳增一、开阳

延伸阅读

北斗星中，除了天枢
和摇光外，其余五颗
星其实属于同一个疏
散星团，有可能也诞
生于同一片星云。它
们距离地球约80光
年，也是距离地球最
近的星团。

大熊座是北部星空最主要的星座之一，包含由7颗星组成的北斗七星。人类早早就认识了这个星座，不同的文化将其想象成了不同的东西，比如战车，或者一匹马拉着车子，又或者是一群公牛，在没有见过熊的埃及人眼里，它被想象成了公牛的左脚。

恒星和其他天体

大熊座在天空中非常显眼，所以经常用它来寻找其他天体。一年中，大熊座从北方开始，背对着北极星，以环形路线运行。而大熊座的形状和熊的确非常相似，北斗七星组成了熊的躯干和尾巴，其他的一些恒星勾勒出了腿和鼻子。夜枭星云M97是一个非常昏暗的光圈，它位于天璇东南方2.5度的位置。夜枭星云的亮度只有9.9等，表面亮度非常暗。所以，在使用口径102～152毫米

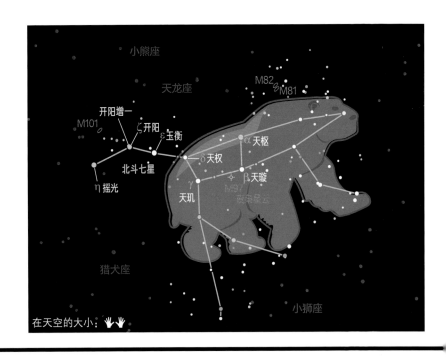

在天空的大小：

北斗勺柄的开阳增一和开阳，视力好的人肉眼就可以分辨出来是两颗恒星，但它们其实并不是一对双星。更有趣的是，如果用望远镜仔细观察开阳，我们就会看到，开阳其实属于一个双星系统，而它的伴星和它靠得非常近。

大熊座中也有一对星系——M81和M82，它们距离地球1 200万光年，如果拿双筒望远镜看，能看见它们在一起的样子。M81是一个旋涡星系，而M82则被归类为了星爆星系，1亿年前M82和M81的碰撞导致了M82超高的恒星诞生率。

星系 M81 和 M82 受引力束缚

（4～6英寸）的望远镜来观测它时，用眼角的余光看会更清晰。

神话

在古希腊的神话传说中，大熊座代表的是女神卡利斯托，赫拉在发现卡利斯托和宙斯有染之后，把卡利斯托变成了一只熊。而卡利斯托的儿子阿卡斯在打猎的时候，把卡利斯托变成的熊当成了自己的猎杀目标。宙斯赶到之后，把他们都升入了天空，变成了星星。

一些美洲土著部落认为勺头的部分是一只熊，而勺柄的部分则是追赶这只熊的战士。一到秋天，树叶颜色开始变化，也正是大熊座在天空中位置比较低的时候，所以这些土著认为，是熊血从天空中掉了下来，染红了树叶。

主要恒星
ε ｜ 玉衡
颜色: 白色
星等: 1.8
距离地球 83 光年
α ｜ 天枢
颜色: 橙色
星等: 1.8
距离地球 123 光年
η ｜ 摇光
颜色: 蓝白色
星等: 1.9
距离地球 104 光年
ζ ｜ 开阳
颜色: 蓝色
星等: 2.2
距离地球 78 光年
β ｜ 天璇
颜色: 白色
星等: 2.3
距离地球 79 光年

小熊座

组成：17 颗恒星
最佳观测时间：全年
位置：星图中部偏北
深空天体：无

在北半球，小熊座全年可见。从古至今，小熊座一直被人类认为是非常重要的导航工具，直到今天，人们仍会借由小北斗七星来寻找北极星。因为其他的恒星都围绕着天极旋转，所以北极星和小熊座在导航中的地位无以撼动，与此同时，小熊座也变成了我们找其他星星的有力工具。早期的一些文明甚至会用小熊座来计时，因为小熊座围绕着北极星不停地旋转，旋转的位置就能够告诉我们大体的时间。

北极星（勾陈一）距离地球 323 ~ 433 光年，是这个小小的星座中最为有名的恒星。自有天文记录以来，北极星和天极的相对位置其实一直在变化，在 2100 年左右，北极星将到达距离天极最近的位置。在之后，天球北极会继续前行，先是经过仙王座少卫增八，接着是天钩八，最后，距离现在大概 12 000 年以后，会抵达织女一。要想看到棒旋星系 NGC 6217 的一些细节，必须要使用 254 毫米以上口径的望远镜。NGC 6217 距离地球约 6 000 万光年，在 102 ~ 152 毫米口径的望远镜中，星系核也不过是一个点，看不到更多细节。

需要提醒的是，每年 12 月 17 日至 26 日，小熊座流星雨会达到峰值。

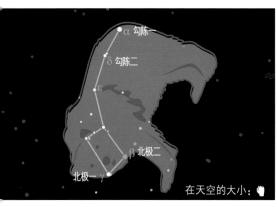

在天空的大小：

棒旋星系 NGC 6217

牧夫座

组成：8颗恒星

最佳观测时间：
5月/6月

位置：星图中部

深空天体：

双星系统梗河一（牧夫座ε）

春夏交接的时候，牧夫座是全天最具辨识度的星座之一。牧夫座最容易辨认的恒星就是大角星。大角星距离地球仅36光年，是全夜空第四亮的恒星，坐落在春季大弧线上，可以顺着北斗的勺柄寻找。如果使用76毫米以上口径的望远镜，我们就能够分辨梗河一（牧夫座ε），其实是一个双星系统。主星就是橙色的梗河一A，而它还有一颗蓝色的伴星。

象限仪座流星雨发生在牧夫座的北部，流星数量能够达每小时上百颗，所以也是全年最大的流星雨之一。象限仪座流星雨会在1月第一周发生，地点则是牧夫座、武仙座和天龙座的交会处。但是需要注意的是，象限仪座流星雨的峰值只有几个小时。

神话

牧夫座的传说有很多。有人说它追赶着大熊座和小熊座，而在希腊语里，大角星的意思其实是"看守熊的人"。

牧夫座的有趣天体

牧夫座中有一大片空白的区域，其中的信息还有待发现，我们称之为"太虚"。这片神秘空旷的区域绵延约2.5亿光年，距离地球大约7亿光年。1981年，科学家们发现了这片巨大奇特的区域，这么大的区域通常应当包含成千上万个星系，但在这里只发现了大约60个星系。

狮子座

组成：12 颗恒星

最佳观测时间：
3月 / 4月

位置：星图中部

深空天体：
变星狮子座 R

　　狮子座在星空中占据的位置比较大，周围也没有太多亮星干扰我们的辨认。狮子座位于大熊座旁边，在同属于黄道星座的巨蟹座和室女座之间。狮子座中有一个巨大的勾形，我们可以将它想象成狮子的头、鬃毛和胸。这个钩状星组看起来像是一个问号的镜像，而问号的点就是明亮的轩辕十四，东边的其他恒星组成了狮子的后半部分。这些星星组成的图形跟狮子的形象非常相似，也很像埃及的狮身人面像。

轩辕十四

　　蓝白色的轩辕十四就像是一座灯塔，古时就吸引着人们的目光。早在约公元前2100年，古巴比伦的观星者们就记录过这颗星。狮身人面像是古埃及的标志之一，其蓝本也有可能正是基于这一星座的想象。轩辕十四坐落在狮子的心脏位置，在拉丁语中，这颗恒星的名字有"王者之星"的含义。这可能与亚历山大大帝有关，亚历山大大帝

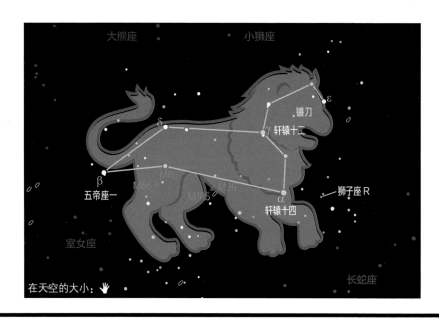

在天空的大小：✋

狮子座I群的椭圆星系M105

狮子座的有趣天体

轩辕十二是狮子座镰刀中第二亮的天体，是一个双星系统，用双筒望远镜就可以看到，其伴星是黄绿色的。这个双星系统距离地球大约130光年，它们的运行周期超600年。

生于狮子座对应的月份，而且征服了他们当时已知的所有领土。

轩辕十四距离我们大约79光年，亮度是太阳的160倍，直径是太阳的5倍。无论是用双筒望远镜还是天文望远镜，都可以看得出它是一个多恒星系统。其中，轩辕十四B和轩辕十四C组成了一个双星系统，它们的距离是冥王星轨道半径的100多倍。

比较明亮的恒星和天体

狮子腹部的一系列星系M65、M66、M95、M96和M105的亮度堪堪可见，需要天文望远镜才能够观测到。距离轩辕十四不远就是巨大的火红色的变星狮子座R，这颗变星最亮可达4.4等，最暗则11.3等，周期是312天。亮度到达峰值的时候，肉眼观测还是有难度的，而用双筒望远镜则可以轻易地看见这颗变星。当这颗变星的亮度降到最低的时候，只能通过望远镜来看了。狮子座R是一颗超大的恒星，如果我们把它放在太阳的位置，那么它的最外层能到达木星的轨道。

主要恒星

α | 轩辕十四
颜色：蓝白色
星等：1.36
距离地球 79 光年

β | 五帝座一
颜色：蓝色
星等：2.1

δ | 西上相
颜色：白色
星等：2.6

ε | 轩辕九
颜色：蓝色
星等：2.2
距离地球 247 光年

γ | 轩辕十二
颜色：橙色
星等：2.3

室女座

组成：13颗恒星
最佳观测时间：
5月/6月
位置：星图东南部
深空天体：
草帽星系M104

室女座坐落在黄道上面，也是唯一被想象成女性形象的黄道星座。室女座是古希腊科学家托勒密在公元2世纪进行归类的。要想找到角宿一这颗1等星，可以使用星桥法，从北斗的勺柄开始，通过牧夫座的大角星弧线一路向南，很快就能够找到角宿一。

恒星和其他天体

角宿一距离地球250光年，是一颗蓝白色的恒星，在全天星体的亮度排行中排名第16。角宿一比太阳大得多，它的亮度是太阳的20 000多倍，质量是太阳的11.4倍。角宿一看起来只是一颗恒星，但其实是一个双星系统。这两颗星星都是蓝巨星，而且它们之间的距离非常近，只有约1 800万千米。角宿一正好位于月亮的轨道之后，所以我们还会看到月掩角宿一的现象，通常持续1小时左右。室女座第二亮的是东上相，也是一对美丽的双星。两颗恒星缓缓绕对方转动，在未来会相互分开。

延伸阅读

草帽星系M104就在角宿一东方不远处，这个星系的特别之处在于有条暗尘带将星系上下一分为二，就像草帽的帽檐，草帽星系因此得名。草帽星系亮度为9等，也是全天最亮的旋涡星系之一，用望远镜就能看见。它宽约8万光年，比银河系稍大一些。

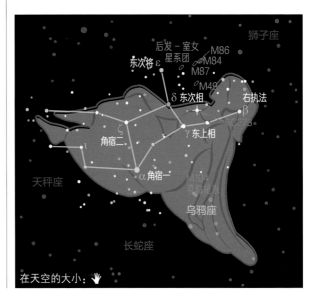

✦ 室女座的有趣天体

就算用双筒望远镜观测室女座，我们依然很难发现天体，但室女座其实是观星者寻找星系的游乐场。室女座的宽度超过5度，是满月的10倍大，而这一块区域中，实际上有2 000多个旋涡星系和椭圆星系，这些星系紧紧地挤在只有1 500万光年的区域中。这个星系团的中心距离地球6 000万光年，算是距离银河系最近的星系团之一。而且，因为室女座星系团的引力太强，银河系也被拉着向这个星系团运行。而更特别的是，科学家们通过观测发现，这个星系团中的暗物质要多于可观测物质。

室女座星系团

室女座可探索的内容非常多，如果想要探索星系，可以从室女座试水。室女座中有一个特别的天体——室女座类星体3C 273。它可能是天文爱好者通过家用设备能够看到的最远的星体了。3C 273只有13等，可能是距离地球最近的类星体——距离地球24.4亿光年。要想看到3C 273，我们需要一台203毫米口径的望远镜。据估算，它的亮度是太阳的4万亿倍。

在室女座北边，就是室女－后发星系团的中心，这里散布着大约3 000个星系。使用口径203毫米或者稍小一些的望远镜，在这个区域随便找找，就能看到几十个甚至上百个的星系。椭圆星系M49应该是最容易找到的，它非常明亮，且离M84和M86很近，不用转动望远镜就能观察到。M87看起来没有那么显眼，也没有M49的迷人光晕，它其实是一个巨大的椭圆星系，且有超12 000个球状星团。M87的中心有一个超大质量黑洞，科学家通过专业望远镜拍摄到了那里的超高温喷流。

主要恒星

α ｜ 角宿一
颜色：蓝色
星等：0.97
距离地球250光年

γ ｜ 东上相
颜色：白色
星等：2.9
距离地球38光年

ε ｜ 东次将
颜色：淡黄
星等：2.9
距离地球110光年

ζ ｜ 角宿二
颜色：白色
星等：3.4
距离地球74光年

δ ｜ 东次相
颜色：红色
星等：3.4
距离地球202光年

巨蟹座

组成：5 颗恒星

最佳观测时间：
3月/4月

位置：星图西南部

深空天体：

蜂巢星团M44

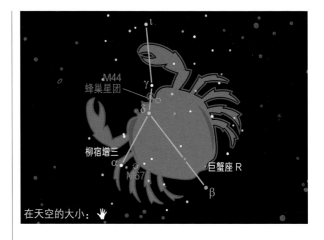

M44
蜂巢星团

柳宿增三

M67

巨蟹座 R

在天空的大小：

巨蟹座是在双子座和狮子座中间的一个黄道星座。要想找到巨蟹座，只要找到猎户座的腰带，再往东方看就是巨蟹座了。虽然巨蟹座是黄道星座，但总体来说非常暗，没有恒星是超过3等的。

深空天体

巨蟹座的蜂巢星团 M44 非常有趣，值得一看。M44 在螃蟹头部的柳宿增三（巨蟹座 δ）东方不远处。M44 距离地球 577 光年，看起来是一团不起眼的光晕，但早在公元 2 世纪，托勒密就观察到了这个星团。在双筒望远镜的辅助下，我们能够看到更多的细节：在大约两个满月大小的区域中分布了 200 多颗恒星。值得注意的是，2012 年，科学家们在 M44 中发现了两颗新的气态巨行星，它们围绕着恒星运行，这是首次在星团中发现行星。

用双筒望远镜我们还可以看到M67，这是一个只有 6.9 等的疏散星团。M67 距离我们约 2 500 光年，其中包含约 500 颗恒星，它比较暗，小型望远镜中只能看到模糊的景象。巨蟹座R 也是比较有趣的天体，它是一颗长周期变星，星等在6.5等至11等之间变化。

猎犬座

组成：2颗恒星

最佳观测时间：
5月/6月

位置：星图中部

深空天体：
涡状星系M51

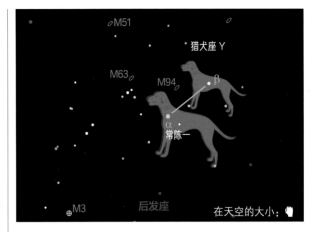

猎犬座有趣的天体

涡状星系M51是全天最美丽的旋涡星系之一。M51距离地球大约3 100万光年，宽度超过6万光年。目前，M51正受到矮星系NGC 5195的引力影响，诞生了新的恒星。用152毫米口径的望远镜，就能够看到M51的旋涡结构。M51在猎犬座边缘，就在常陈一和北斗七星勺柄最后一颗星（摇光）的连线上。

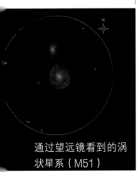

通过望远镜看到的涡状星系（M51）

猎犬座由两颗星组成，就在北斗七星勺柄的下方，当然更形象的说法是，猎犬座在大熊座的两腿之后，追着大熊座在跑。

猎犬座四周都是非常有趣的天体，有些甚至用肉眼就能够看见。猎犬座Y是一颗红巨星，亮度在160天的周期内会从4.8等变成6.3等。常陈一是猎犬座最亮的恒星，也被称作"查理之心"，是以英国国王查理二世的名字命名的。

深空天体

球状星团M3 距离地球大约3.4万光年，位于常陈一和牧夫座大角星的中点。查尔斯·梅西耶从1764年开始对深空天体进行归类，而M3就是其中的一个。它包含274颗变星，是目前观测到的星团当中变星数量最多的，因而引起了科学家们的关注。有50万颗恒星挤在这个200光年大小的星团里面。M3的星等是6.2等，用双筒望远镜就能看见，但天文望远镜能够更好地展现它外围的恒星。另外还有一个用天文望远镜能够看到的天体，就是M94，一个9等的旋涡星系。

长蛇座

组成：17 颗恒星

最佳观测时间：
3月/4月

位置：星图东南部

深空天体：
旋涡星系 M83

长蛇座覆盖的天区从天秤座一直延伸到巨蟹座，其他的星座都无法望其项背。几颗风筝状排列的恒星组成了蛇头。星宿一是长蛇座中最亮的恒星，位于狮子座轩辕十四和大犬座天狼星连线的东方。从北半球中纬度地区观测时，长蛇座尾部已经靠近南方的地平线。长蛇座虽然占据了天空一块很长的区域，但是它的平均星等却并不突出，除星宿一外的恒星星等都大于3等。长蛇座被列为南天星座，但远至北纬54度也可观测到。

恒星和深空天体

M83是一个旋涡星系，星等为7.5等，只有在望远镜中，它才会展现它迷人的姿态。M48是一个疏散星团，星等为5.8等，它可能是北半球用双筒望远镜最容易找到的深空天体。人们在17世纪就已经发现，长蛇座 R 是一颗米拉变星。长蛇座R的亮度会从3.5等变化到10等，周期约为390天。长蛇座V的颜色非常特别，呈大红色，值得一看。

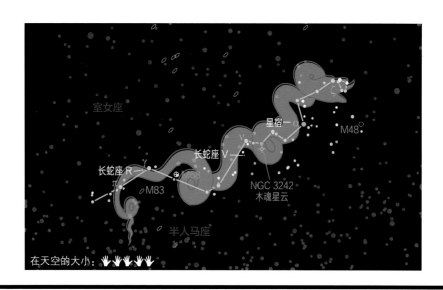

在天空的大小：

后发座

组成：3 颗恒星

最佳观测时间：
5 月 / 6 月

位置：星图东南部

深空天体：
黑眼睛星系 M64

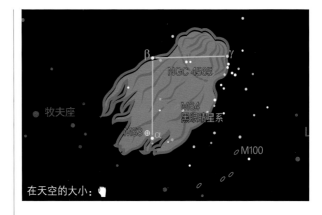

在天空的大小：

后发座曾被误认为是附近星座中的一部分，比如，是室女座的一小撮头发，或者是狮子座尾巴上的毛。但在16 世纪，制图师卡斯珀·沃佩尔和天文学家第谷·布拉赫把这片天空从其他星座当中独立了出来。这片星空虽小，但有丰富的天体，后发座的名字来自古埃及的一位王后贝勒尼基二世。

后发座南方是室女座，而北方是猎犬座和北斗七星。因为临近室女座，后发座也吸引了众多天文爱好者的目光。黑眼睛星系 M64 位于后发座最外层的两颗恒星之间，在三角形的底部，非常容易找到。通过 102～152 毫米口径的望远镜，我们能够看到 M64 的黑眼睛形象了。M64 有一条壮观的黑暗尘带，横亘在明亮的星系核心之前，这就是星系名称的由来。M53 则是一个球状星团，就在后发座最亮的恒星后发座 α 旁边。

神话

贝勒尼基二世是埃及法老托勒密三世的王后。托勒密三世出征期间，她向女神阿佛罗狄忒祈祷她的丈夫能够平安归来，然后剪下了头发，供奉在神庙里面。女神阿佛罗狄忒将她的头发变成了星星放在了天上，成了后发座。

后发座的有趣天体

后发座中最大、最亮的星系之一是 M100。M100 距离地球 5 250 万光年，星等为 10.1 等，在天文望远镜中也很昏暗。但是，在 20 世纪，M100 中有 5 次可见的超新星爆发，M100 因此闻名于世。

御夫座

组成：7 颗恒星
最佳观测时间：
12 月 / 1 月
位置：星图中央
深空天体：
星团 M36 和 M37

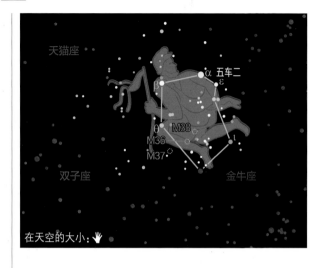

在天空的大小：

御夫座位于银河系中央，是一个优雅的星座。通过全天第六亮恒星——五车二（御夫座 α），可以轻松地找到这个星座。御夫座是一个古老的星座，属于托勒密 48 星座之一。柱一（御夫座 ε）位于五车二的西南方，是一颗食变双星，未知伴星对主星的掩食周期是 27 年，下一次掩食将开始于 2036 年。

深空天体

御夫座横跨银道面，内部有一些有意思的星团。M36 是一个明亮且易于观测的星团，位于五车四（御夫座 θ）的西南方 5 度位置。另一个疏散星团是 M38，最好通过天文望远镜观看。它距离地球 4 200 光年，是御夫座里所有星团中最大的一个，但和其他星团相比，它的成员相对较少。

M37 是北天最精彩的疏散星团之一，它距离地球 4 511 光年，在天空中的大小与满月相当。用双筒望远镜观看 M37，只能看到一团模糊的斑点，而用天文望远镜可以分辨出星团内的恒星。

延伸阅读

御夫座相关的传说有几个版本。在有的故事里，恒星五车二是母山羊的化身，附近的恒星是它的 3 个孩子，御夫座把它们母子都扛在背上。在另外一个故事里，御夫座代表着赫菲斯托斯和他驾驶的双轮马车，赫菲斯托斯是一位瘸腿的锻造之神，他制造马车就是为了行动方便。

小狮座

组成：3 颗恒星
最佳观测时间：
3 月 / 4 月
位置：星图中部
深空天体：
变星小狮座 R

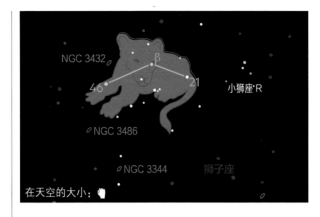

在天空的大小：

小狮座的命名相对较晚，它是在 17 世纪由约翰内斯·赫维留命名的。在天空较黑的情况下，我们才能看见它的全貌，因为小狮座最亮的星是小狮座 46，也只有 3.8 等。在北半球中纬度地区的 3 月和 4 月，小狮座几乎就在天顶，位于大熊座和狮子座中间。

恒星和其他天体

小狮座 3 颗主星的东方就是小狮座 R，是这个星座中最有名的天体。观测小狮座 R 要用至少 152 毫米口径的望远镜。小狮座 R 是米拉变星，它的光变周期约为一年，亮度从 6.3 等到 13.2 等周期性变化。小狮座中最明亮的深空天体是 NGC 3486 和 NGC 3344，两个星系都是亮度 10 等的旋涡星系，与地球的距离分别为 2 740 万光年和 2 250 万光年。用 203 ~ 254 毫米口径的望远镜，我们就能够看见它们的星系核和周围的光晕。另外一个值得关注的天体是 NGC 3432，也叫作织针星系，这是一个亮度为 11 等的棒旋星系，这个星系的侧边对着我们，看起来像是一根编织用的针，因此得名。

NGC 3486

乌鸦座

组成：5 颗恒星
最佳观测时间：
4月 / 5月
位置：星图东南部
深空天体：触须星系
NGC 4038/4039

在神话中，乌鸦座与巨爵座和长蛇座有关。乌鸦座靠近长蛇座的"尾巴"，在室女座角宿一的西边。右辖（乌鸦座 α）位于乌鸦身体上 4 颗星的外面，就像是乌鸦的嘴。

在乌鸦座的不远处，就能找到触须星系 NGC 4038/4039，这两个星系正在碰撞，因其形状也被称为环尾星系。这两个星系可以用 203 毫米口径的望远镜观测，其中的环状尾巴在乌鸦座和巨爵座的交界处。

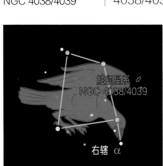

在天空的大小：

神话

阿波罗命令乌鸦去取水，但乌鸦被路上美味的无花果吸引，虽然最后乌鸦取了水给阿波罗，但还是因为姗姗来迟被放逐。

巨爵座

组成：8 颗恒星
最佳观测时间：
4月 / 5月
位置：星图东南部
深空天体：
NGC 3887

关于巨爵座来源的传说故事有很多版本。有的传说里，巨爵座是九头蛇背上的尖刺，这种说法倒是有助于我们寻找这个暗淡的星座。在春夏之交，巨爵座位于南部星空，在长蛇座上方，乌鸦座西方。乌鸦座和巨爵座也可以通过室女座的角宿一来定位，在角宿一的西南方。巨爵座的外形和杯子确有几分神似，4 颗星组成杯身，另外 4 颗组成杯底。除了 NGC 3887 这个 11 等的星系外，巨爵座鲜有明亮的深空天体。

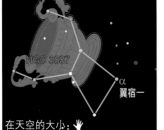

在天空的大小：

神话

古代观星者认为这个星座是一个杯子。在希腊神话中，乌鸦就是用这个杯子给阿波罗带去了水。

唧筒座

组成：4 颗恒星
最佳观测时间：
3月／4月
位置：星图西南部
深空天体：
旋涡星系 NGC 2997

唧筒座是南天星座之一。在春天，北半球的观星者也可以看到这个星座，但是需要在南方地平线附近寻找。唧筒座位于长蛇座卷曲身体的下方，离狮子座的轩辕十四大约五个拳头宽的距离。唧筒座 α 是唧筒座中最亮的恒星，但它只是一颗4等星。天文学家们还没有给这颗恒星命名。

NGC 2997 位于唧筒座的中心，距离地球约2 500万光年。观星者也许难以清晰地看到这个星系，在望远镜里面只是一个椭圆形的光点，周边是一圈较暗的环。用口径406毫米以上的望远镜观测，我们能清晰地看见它逆时针弯曲的旋臂，旋臂中散布着红色的恒星诞生区域。

长蛇座
NGC 2997
船帆座
在天空的大小：

六分仪座

组成：3 颗恒星
最佳观测时间：
3月／4月
位置：星图西南部
深空天体：
纺锤星系 NGC 3115

六分仪座是17世纪由天文学家约翰内斯·赫维留确立的一个南天星座，用以填充狮子座周边的黄道区域。六分仪座平均星等比较暗，最亮的恒星为4.5等。

六分仪座在南部星空，位于长蛇座和狮子座中间。它所占区域很小，但是著名的纺锤星系 NGC 3115 就在六分仪座内。NGC 3115 侧对着地球，亮度为9等，距离地球约3 200万光年，从我们的角度看过去就是一个扁平的星系盘，如果要用双筒望远镜观测这个星系，必须要在没有月亮的晚上，且周围没有光污染。在望远镜中，它就像是一个透镜。NGC 3115比银河系要大很多，它的星系核中有一个超大质量的黑洞，是太阳质量的约20亿倍。

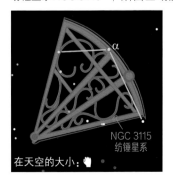

NGC 3115
纺锤星系
在天空的大小：

夏季

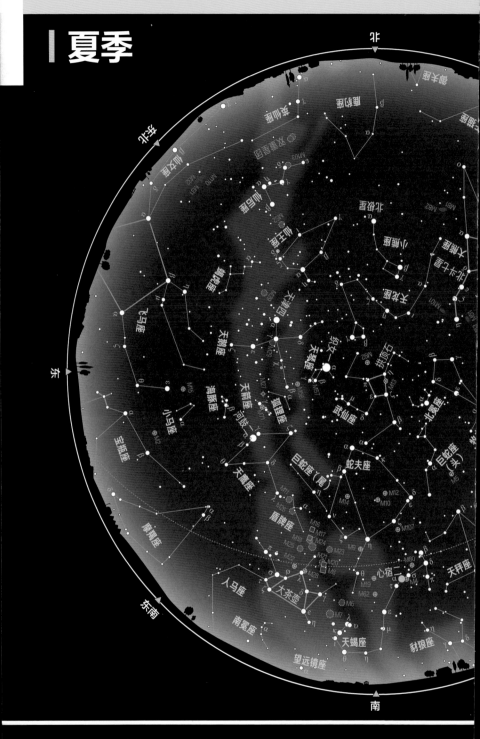

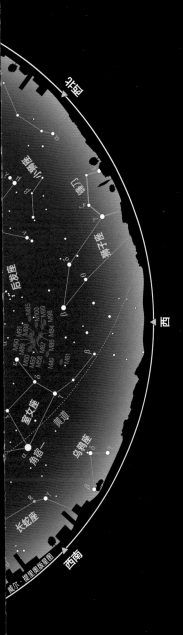

橙色的大角星当空闪耀，我们凭借它一眼就可以看到牧夫座。北冕座和武仙座紧邻牧夫座，高悬于夜空。天琴座主星织女一似乎就在我们头顶，亮度到达了 0 等。跨过银河，到银河东边，我们就能够看到夏季大三角的另外两颗星：天鹰座的河鼓二（牵牛星）和天鹅座的天津四。

南部星空距天顶较近的是蛇夫座，蛇夫座旁边的是巨蛇座，两个星座大约在天空中占有三个手掌的宽度。巨大的橙色亮星心宿二给我们标示出了天蝎座的位置。人马座将它的箭指向了银河系的中心，在人马座里面，我们可以找到很多的星云和星团，例如礁湖星云 M8、三叶星云 M20 和大人马星团 M22。

日期	时间
6月21日	晚上11时
7月1日	晚上10时
7月21日	晚上9时

星等

● -0.5 等及更亮
● -0.4 ~ 0.0 等
● 0.1 ~ 0.5 等
● 0.6 ~ 1.0 等
● 1.1 ~ 1.5 等
● 1.6 ~ 2.0 等

· 2.1 ~ 2.5 等
· 2.6 ~ 3.0 等
· 3.1 ~ 3.5 等
· 3.6 ~ 4.0 等
· 4.1 ~ 4.5 等
· 4.6 ~ 5.0 等
⊛ 变星

深空天体

❋ 疏散星团
⊕ 球状星团
□ 亮星云
◇ 行星状星云
━ 星系

夏季星桥

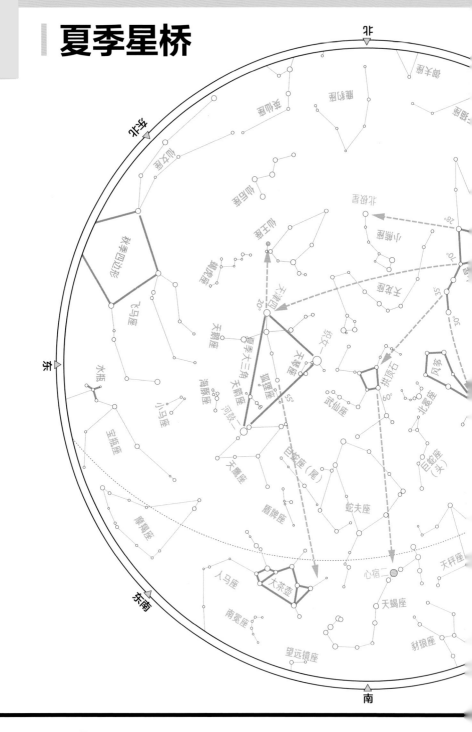

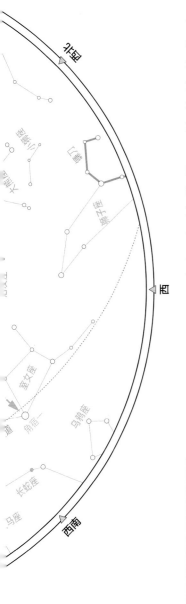

夏季大三角是夏季星空最大的星群，它的每个角都指向一个星座。三角中最暗的星天津四，是天鹅座的尾巴，也被称为北十字。天鹅座平行地"飞行"在银河之上，而在不远处，同样在银河之上的还有天鹰座和盾牌座。沿着天鹅座"飞行"的方向，往南方地平线看去，我们就能够找到人马座的茶壶星群。

在天空的西北方，北斗已经转到了比较低的位置。勺柄的前三颗星指向武仙座的拱顶石星群。沿着拱顶石右侧的两颗星一路向南看，我们就能够找到心宿二，从而找到了天蝎座。晚上没有月亮时，我们可以拿着双筒望远镜扫视从天鹅座到天蝎座之间的区域，其中有着无数的星团和深空天体等着我们发现。

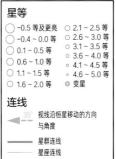

星等

○ -0.5 等及更亮　　○ 2.1 ~ 2.5 等
○ -0.4 ~ 0.0 等　　○ 2.6 ~ 3.0 等
○ 0.1 ~ 0.5 等　　　○ 3.1 ~ 3.5 等
○ 0.6 ~ 1.0 等　　　• 3.6 ~ 4.0 等
○ 1.1 ~ 1.5 等　　　• 4.1 ~ 4.5 等
○ 1.6 ~ 2.0 等　　　• 4.6 ~ 5.0 等
　　　　　　　　　　　• 变星

连线

35° ◄-- 视线沿恒星移动的方向
　　　　与角度

──── 星群连线
──── 星座连线

天鹅座

组成：13 颗恒星

最佳观测时间：
8月 / 9月

位置：星图东北部

深空天体：
北美星云 NGC 7000

延伸阅读

天鹅座内有一条厚厚的尘埃带，使这部分银河陷入黑暗，在天气好的情况下肉眼可见。科学家们称这个暗区为天鹅座暗隙或者北煤袋，在南十字附近也有类似的暗隙——南煤袋。

天鹅座所在的区域可谓群星荟萃。天鹅的翅膀横跨银河，其周边有很多恒星和深空天体。天鹅座的外形让它有北十字星座之称，和南半球的南十字座遥相呼应。在夏秋交接的时候，天鹅座处于一年中最高的位置，它的头朝向南方，就像是候鸟到了秋季准备往南方迁徙飞行。

恒星和其他天体

天津四是天鹅座中的 α 星，在天鹅的尾巴上。天津四是 1 等星，和织女一、河鼓二一起组成了夏季大三角。天津四的质量是太阳的 25 倍有余，亮度是太阳的 20 万倍。天鹅的头则是天鹅座 β——辇道增七，它是一个双星系统，只需要一台小型望远镜，我们就能将其中的两颗星分辨开来，分别为蓝色和黄色。

北美星云很大，是一个弥漫星云，属于发射星云，距离地球大约 2 200 光年。在望远镜中，这个星云就像是一团彩色的气体云。在极好的观测条件下，我们用双筒望远

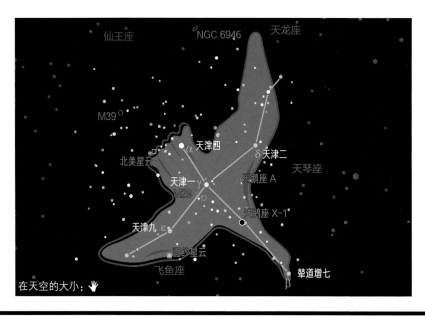

在天空的大小：

✦ 天鹅座的有趣天体

位于天津九附近的面纱星云是超新星爆炸遗留下来的气体云，最好使用高对比度滤光片观测。M39是一个松散的开放星团，可以通过双筒望远镜看到，亚里士多德在公元前325年左右首次用肉眼看到它。20世纪70年代中期天鹅座X-1被发现。这是通过观测其X射线发射发现的第一个黑洞，X射线发射是由附近恒星流入的气体产生的。天鹅座A星系也以一个超大质量黑洞为中心。

北美星云

主要恒星
α｜天津四
颜色：白色
星等：1.3
距离地球2 600光年
γ｜天津一
颜色：黄白色
星等：2.2
距离地球1 500光年
ε｜天津九
颜色：橙黄色
星等：2.5
距离地球72光年
δ｜天津二
颜色：蓝白色
星等：2.9
距离地球166光年
β｜辇道增七
颜色：蓝黄色
星等：3.3
距离地球380光年

镜就能够在天鹅座尾部（东北部）边缘找到它，在北美星云上，我们还能看到许多恒星，这些恒星肉眼可见。这个星云的形状很像北美大陆，因此而得名。

神话

在古希腊罗马的神话中，宙斯曾变成一只天鹅引诱斯巴达女皇勒达，她后来生下双子座卡斯托尔和波吕杜克斯。在另一个传说中，太阳神阿波罗之子、音乐天才奥菲斯变成了一只天鹅，陪伴他心爱的七弦琴，也就是旁边的天琴座。还有另外一种说法，天鹅座就是赫拉克勒斯杀死的斯廷法利斯湖怪鸟，赫拉克勒斯的十二伟业之一。

天琴座

组成：5 颗恒星

最佳观测时间：
7 月 / 8 月

位置：星图中部

深空天体：

环状星云 M57

天琴座看起来就像是四边形和一个锯齿拼凑起来的，在空中很容易找到。天琴座 α，也就是织女一，是全天最亮的恒星之一。在北半球中纬度地区的夏季，织女一几乎就在天顶，它是我们寻找其他星座或者天体最有力的工具之一。织女一、河鼓二以及天津四构成了夏季大三角。

明亮的恒星

织女一的大小是太阳的 33 倍，亮度是太阳的 40 倍，科学家们认为织女一应该刚形成不久，年龄只有 4 亿年，而太阳的年龄是织女一的 10 多倍，已经 40 多亿年了。1983 年，科学家们利用红外天文望远镜，得到了一个巨大的发现——织女一拥有尘埃盘。科学家们推测，可能就是这个尘埃盘形成了织女一的地外恒星系统，太阳系的诞生也应该与其类似。

在极好的观测条件下，用肉眼可以分辨出天琴座 ε 是一个双星系统。这个双星系统距离地球 162 光年，两颗

天琴座的有趣天体

环状星云 M57 距离地球 2 300 光年，用口径 76 毫米以上的望远镜，配合高倍率的目镜就能够看到它类似甜甜圈的外形。这个星云是由红巨星演化成白矮星时喷射出的气体形成的。从我们的角度看起来它是环状的，但是科学家已经确认了这个星云其实是圆筒形的。大一点的业余望远镜能够分辨出环状星云正中的白矮星，这颗白矮星是红巨星爆发之后剩下的炙热内核。太阳演化到最终阶段也会变成白矮星。

环状星云中，对四种不同波长的光进行着色的合成图像

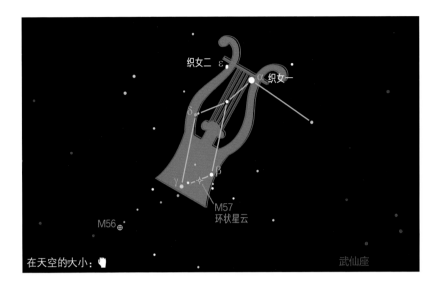

织女二 ε

α 织女一

δ

β

γ

M57
环状星云

M56

在天空的大小：

武仙座

星在引力的作用下，围绕着对方旋转。说这个系统是个双星系统其实并不精确，如果我们用小型天文望远镜观测，能够轻易地分辨出来，这个双星系统中每一颗"恒星"也都是一个双星系统，一共有4颗星，两两各自组成双星系统，而两个双星系统又由引力绑定在一起，所以称之为双双星系统。

神话传说

　　天琴座背后是一个凄美的爱情故事。阿波罗给了他儿子奥菲斯一把七弦琴，并教他演奏动人的音乐。奥菲斯获得了很多女性的青睐，但他独爱妻子尤丽提西。尤丽提西死后，灵魂去了冥界。奥菲斯一心想要让他的妻子复活，众神答应了奥菲斯的请求，要求他在带妻子重返人间的路上，不回头看妻子，但是奥菲斯没能做到，妻子也因此再度坠入冥界。再次失去爱人的奥菲斯拒绝了所有的求爱，被一群灰心丧气的女子杀死。最终，奥菲斯和妻子在地府相见，宙斯将奥菲斯的七弦琴升为星座。

主要恒星

α｜织女一
颜色：白色
星等：0
距离地球 25 光年

γ｜渐台三
颜色：蓝白色
星等：3.3
距离地球 620 光年

β｜渐台二
颜色：白色
星等：3.5
距离地球 882 光年

δ｜渐台一
颜色：橙红色
星等：4.3
距离地球 900 光年

天鹰座

组成：10 颗恒星

最佳观测时间：
8月 / 9月

位置：星图东南部

深空天体：变星天桴
四（天鹰座 η）

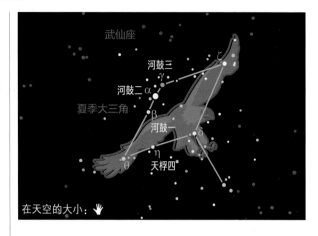

在天空的大小：

武仙座

河鼓三 γ

河鼓二 α

夏季大三角

河鼓一 β

δ

η

天桴四

θ

　　天鹰座由古代美索不达米亚的观星者命名，位于地球赤道附近，在世界上任何地方都能看到它。但最容易观测它的地方还是北半球，仲夏夜往南方看就可找到。

　　天鹰座中最亮的恒星是河鼓二，距离地球17光年。它是全天最亮的恒星之一，也是夏季大三角的一员。天桴四，也就是天鹰座 η，是肉眼最容易看到的造父变星之一，它的亮度变化以7.2天为一个周期，从3.6等变换到4.4等。

浅蓝色的河鼓二和浅
橙色的河鼓三

神话传说

　　相传这只老鹰属于宙斯，为宙斯运送霹雳落雷，大概是因为这颗变星的亮度变化。传说中，这只老鹰还把一位名叫盖尼米得的年轻牧羊人带到天上，让他担任宙斯的侍酒师，而后化为了附近的宝瓶座。阿拉伯的天文学家们把天鹰座 ς 看作天鹰的尾巴，但是在现代天文学图谱中，这颗恒星则被画成了天鹰的翅膀。

北冕座

组成：7颗恒星
最佳观测时间：
6月/7月
位置：星图中部
深空天体：北冕座 T

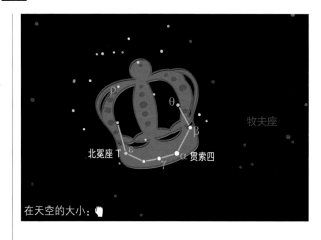

在天空的大小：

北冕座比较暗，也是一个比较小的星座。不过，它的形状很特别，是一个类似皇冠的半圆形。北冕座位于牧夫座和武仙座中间，最方便的定位方法是将天琴座的织女一和牧夫座的大角星连线，线的南边一点就是北冕座。

北冕座 T 是这个星座中独特的一颗恒星，它的亮度曾发生过剧烈的变化。在 1866 年和 1946 年，北冕座 T 由于超新星爆发，亮度直接从 10 等升到了 2 等，而后亮度又衰减了下去。如果它再次爆发，北冕座 T 的亮度还会再次从 10 等升至肉眼可见的亮度，甚至变成北冕座最亮的恒星。

神话

北冕座的名字起源于古希腊的神话传说。这顶皇冠属于克里特国王的女儿阿里阿德涅。酒神狄俄尼索斯向她求婚，她犹豫要不要接受，所以考验狄俄尼索斯，要他展示自己的力量。狄俄尼索斯把这顶皇冠扔到了天上，以此向她大献殷勤，婚事也就定了下来。在拉丁语中，北冕座 α 的名字义为宝石。

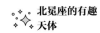

北冕座的有趣天体

目前天文学家们正在北冕座 ρ 附近寻找系外行星。在这颗恒星附近，天文学家们找到了一颗比木星更大的行星。科学家们怀疑北冕座 ρ 还有一颗伴星。北冕座 ρ 会不时地喷射出黑色的物质，导致它的星等从 5.8 迅速变为 14.8。

武仙座

组成：20 颗恒星
最佳观测时间：
7月/8月
位置：星图中部
深空天体：
武仙大星团M13

　　武仙座的原型是希腊神话中最著名的英雄之一赫拉克勒斯，这也为武仙座赢得了北半球星空的中心位置。在夏季，武仙座高悬于我们的头顶。

　　在北半球的中纬度地区，武仙座看起来靠近银河，在银河的西方。武仙座中的4颗星组成了拱顶石的形状，类似于拱门顶端的拱心石。武仙座就在织女一的旁边，所以非常容易定位，尤其是在夏季的时候，武仙座正在我们头顶，寻找起来会更加方便。但是，武仙座的恒星平均亮度并不高，也没有让人印象深刻的亮星，所以也被称为幻影星座。武仙座亮度大于3等的只有3颗星。武仙座α，也被称为帝座，是一颗肉眼可见的红巨星。帝座有一颗蓝绿色的伴星，我们可以通过在望远镜中观察这个双星系统来学习辨认恒星的颜色。

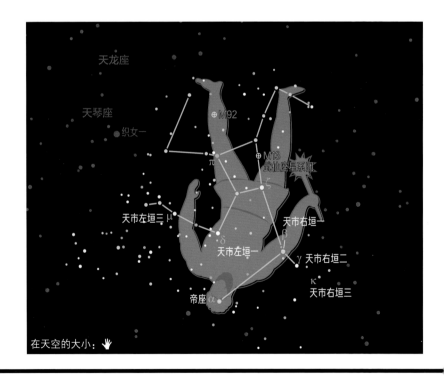

在天空的大小：

✦ 武仙座的有趣天体

武仙座星团M13是北半球最亮的球状星团，它由超过百万颗恒星组成。M13距离地球约2.2万光年，位于拱顶石的一条边上。M13的亮度为5.8等，观测条件好的情况下，用肉眼隐约可以看到一团微光。用100毫米口径的望远镜，我们就能够分辨出这个星团中的一些恒星。其实M13的直径大约有150光年，而更大的望远镜能够分辨出星团的核心

武仙座星系团M13

区域。球状星团M92也在拱顶石附近，它是一个比M13更紧凑的球状星团，我们用双筒望远镜就能够找到M92。

神话传说

在古希腊罗马神话中，赫拉克勒斯是宙斯之子，半人半神，以力大无穷闻名。赫拉因为她丈夫宙斯荒淫无度，诅咒了赫拉克勒斯，导致他在失去理智的情况下杀死了自己的妻子和孩子。恢复神志后，赫拉克勒斯悲痛欲绝，为了消除罪孽，他决定完成12项伟业。赫拉克勒斯依靠自己的力量和智慧完成了这些几乎不可能完成的任务，并变成了天上永生的神灵。很多被赫拉克勒斯杀死的怪物都变成了天上的星座，比如狮子座、巨蟹座和长蛇座。

在其他文化中，武仙座也占有不凡的地位，所以武仙座拥有的名称数量要远超其他星座。比如，古巴比伦的天文学家们称之为吉尔伽美什，这是美索不达米亚古代一位国王的名字，也是在最早的文学作品中被记录下来的一位英雄。地中海沿岸的腓尼基人将武仙座和海神梅尔卡斯联系在了一起。在大多数的故事中，赫拉克勒斯在完成伟业后停止了冒险，这也能够解释为什么这个星座这么暗淡了。

主要恒星

β｜天市右垣一
颜色：黄色
星等：2.8
距离地球 148 光年

ζ｜天纪二
颜色：黄色
星等：2.8
距离地球 35 光年

δ｜天市左垣一
颜色：白色
星等：3.1
距离地球 79 光年

π｜女床一
颜色：橙色
星等：3.1
距离地球 380 光年

α｜帝座
颜色：红色
星等：3.5
距离地球 380 光年

人马座

组成：22 颗恒星
最佳观测时间：
7月/8月
位置：星图东南部
深空天体：
人马恒星云

星空中的这位射手在传说中是半人半马的生物，它坐落在银河最宽的区域，也是观测银河系星系中心的窗口。人马座也是一个黄道星座，位于天蝎座和摩羯座之间，看起来像正在瞄准天蝎座一般。人马座通常在仲夏到盛夏时节出现。古希腊人认为人马座代表半人半马的喀戎，南天星座的半人马座也是以喀戎为蓝本的。找到织女一，然后径直向南50度，就能够找到人马座。当然，我们也可以直接在天空中找8颗星组成的茶壶形状，银河似乎就是从茶壶中倒出来的。

恒星和其他天体

从人马座的星名之中，我们能发现拜耳命名法的星名和星座中恒星的亮度排行并不总是一致的。有的星座边界发生了变化，或者当时的认识存在谬误，都有可能导致最亮的恒星沦为 β 星或者 γ 星。人马座恒星的命名非常奇

人马座的有趣天体

人马座的"茶壶盖"旁边，有很多双筒望远镜可见的梅西耶天体，包括礁湖星云M8、天鹅状的奥米加星云M17、三叶星云M20和一个"恒星育婴室"。三叶星云中的3条暗尘带将亮星云分成了3部分，而且照片中还显示了蓝色和红色区域相交的独特外形，三叶星云由此得名。三叶星云距离地球只有5 600光年，用10×50的双筒望远镜或天文望远镜就能看见。

三叶星云 M20

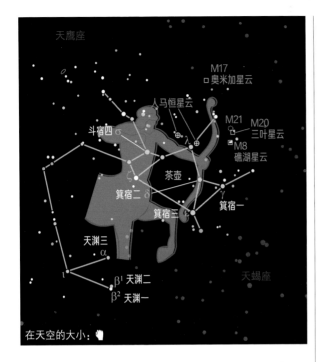

在天空的大小: 🤚

主要恒星

ε | 箕宿三
颜色: 蓝色
星等: 1.8
距离地球 145 光年

σ | 斗宿四
颜色: 蓝色
星等: 2.1
距离地球 228 光年

ζ | 斗宿六
颜色: 白色
星等: 2.6
距离地球 88 光年

δ | 箕宿二
颜色: 白色
星等: 2.7
距离地球 305 光年

λ | 斗宿二
颜色: 橙色
星等: 2.8
距离地球 78 光年

怪，有8颗星超过了3等，但是人马座α的亮度，也就是天渊三，在人马座中只能排名第16。人马座中最亮的是箕宿三（人马座ε），星等为1.8等。第二亮的是斗宿四（人马座σ），星等为2.1等，它在夜空中非常显眼，巴比伦人将它列入了他们的30颗恒星目录中。

人马座正好朝向银河系的中心。银河系中心距离我们2.8万光年，用双筒望远镜或者天文望远镜来观测这个区域，我们能够看到数个深空天体。最引人注目的深空天体是距离地球1万光年的人马恒星云。人马恒星云在茶壶壶盖的上方，用双筒望远镜就看得见；如果用天文望远镜，我们可以看见无数的恒星。距离地球比较近的恒星会更亮。这片清澈的天空让我们能够看到银河系人马座旋臂的内部，这片区域大约有9个满月大小。

延伸阅读

虽然茶这种饮料在阿拉伯地区很流行，但是古代阿拉伯地区的天文学家并没有把人马座的核心形状和茶壶联系在一起。在古代阿拉伯人眼里，人马座的核心区域是一群鸵鸟，正在跑向银河要去喝水。

天蝎座

组成：**17 颗恒星**

最佳观测时间：

7月/8月

位置：**星图西南部**

深空天体：

蝴蝶星团 M6

延伸阅读

在希腊语中，心宿二的意思是"战神的敌手"，这里的战神也指火星，因为这颗恒星的颜色和火星相近，而且在天空中也非常显眼。

　　天蝎座是最容易令人浮想联翩的星座之一。全天最亮的 25 颗恒星中有 2 颗来自天蝎座，周边又有无数的亮星和深空天体环绕。北半球的观星者很容易在夏天观测到天蝎座，它处在银河附近，位于人马座和天秤座之间。和很多牵强附会的星座不一样，天蝎座的恒星排列让人很容易就能联想到蝎子的形状，两只钳子从宽阔的头部延伸而出，然后心宿二代表躯干，最后是卷曲的尾针，即尾宿八。

最亮的恒星

　　对于观星新手来说，天蝎座非常容易辨认，因为天蝎座显眼的勾状尾巴，还有心宿二这颗 1 等星，在古罗马被称为"蝎子的心脏"。心宿二已经演化到了恒星的最后阶段，它目前的大小是太阳的 2 700 万倍，亮度是太阳的 1 万倍。心宿二历来备受关注，中国传统文化中认为心宿

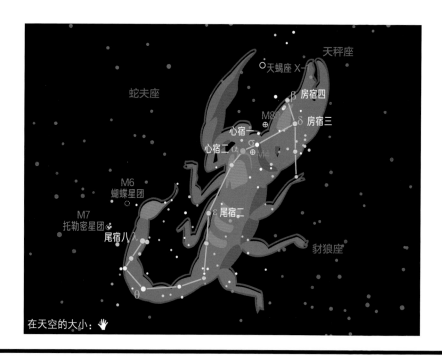

✦ 天蝎座的有趣天体

天蝎座中有很多星团。球状星团M4就在心宿二的西方。蝴蝶星团M6是个大型疏散星团，用双筒望远镜我们就能够看出蝴蝶的形状。另外还有一个大型疏散星团M7，由100多颗恒星组成，位于尾宿八的东边，也可以用双筒望远镜看到。由于托勒密最早辨识出这个星团，所以又称托勒密星团。天蝎座X-1相当暗，亮度只有13等，要找到它需要一些技巧。它是一个双星系统，只看得见其中一颗星，另一颗看不见的天体可能是白矮星、中子星或黑洞，它的引力可以将它的伙伴表面的气体吸走。

蝴蝶星团M6

二是明堂，是皇帝议事的地方。而波斯人称之为塞特维斯，是天堂的守卫者之一。尾宿八是天蝎座第二亮的恒星，其实是一个聚星系统，肉眼可见的成员便有3颗。

神话传说

天蝎座在各个文明中都有一席之地。古代中国的星官将它列为东方苍龙的一部分。古希腊的神话中，天蝎座代表着打败猎户俄里翁的蝎子。俄里翁踩在了蝎子的尾针上，最终被毒死，而猎户被蜇到的伤口就是猎户座脚踝上红色的参宿七。这两个星座在星空的两边，其中一个从地平线升起的时候，另一个就已经落下，这对仇人永远不会再见。

主要恒星
α｜心宿二
颜色: 红色
星等: 1.0
距离地球 550 光年
λ｜尾宿八
颜色: 蓝色
星等: 1.6
距离地球 570 光年
θ｜尾宿五
颜色: 黄色
星等: 1.9
距离地球 272 光年
δ｜房宿三
颜色: 蓝白色
星等: 2.2
距离地球 400 光年
ε｜尾宿二
颜色: 红色
星等: 2.3
距离地球 98 光年

天龙座

组成：18 颗恒星

最佳观测时间：
5月/6月

位置：星图东北部

深空天体：
猫眼星云 NGC 6543

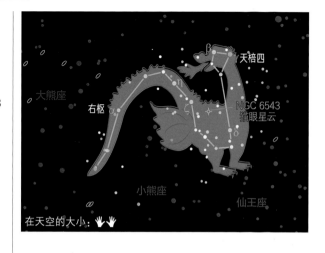

在天空的大小：

人马座的有趣天体

结合哈勃空间望远镜和钱德拉X射线天文台的图像，科学家们确定，猫眼星云中的恒星和太阳非常类似，但是已经在恒星演化的最后阶段，并且它更像是牛的眼睛，而不是猫眼。这颗恒星目前在喷射出超级炽热的气体。因为它距离地球3 000光年，我们用天文望远镜也只能看见一个淡蓝色的小光圈。

天龙座是距离北极最近的星座之一，北半球全年都能看到这个巨大的拱极星座。天龙座的右枢（天龙座α）在约5 000年前曾是地球的北极星。由于岁差让地球自转轴偏移，右枢让出了北极星的位置。

虽然天龙座全年可见，但是最适合观测的还是要在初夏时节。天龙座的斗形头部很有特色，也容易定位：先找到织女一，然后向西北偏北的方向看去，就能找到天龙座最亮的恒星天棓四。天龙座卷曲的尾巴位于大熊座和小熊座之间。每年1月初，象限仪座流星雨会在天龙座和牧夫座的交界处准时上演。而天龙座流星雨会在每年10月达到极大，不过相对来说并没有那么壮观，在20世纪，天龙座流星雨仅有两次大爆发。

神话传说

天龙座在各个文明中的形象并不相同。古希腊人认为天龙座是一只能喷火的百头巨龙拉冬，被赫拉克勒斯杀死。印度神话认为它是一只鳄鱼，波斯人则觉得它是一条巨蛇。

蛇夫座

组成：14 颗恒星

最佳观测时间：
6月/7月

位置：星图中部

深空天体：
蛇夫座RS

蛇夫座和巨蛇座原为同一个星座，后来被拆分成了两个，这两个星座的神话传说就像构成它们的恒星一样交织在一起。蛇夫座在银河西方，上面是武仙座，下面是天蝎座。虽然蛇夫座的确位于黄道之上，但它并不是黄道星座。蛇夫座蕴藏了很多球状星团，例如M9、M10、M12、M14、M19、M62和M107，我们用双筒望远镜都可以观测到。蛇夫座RS是一颗激变变星，亮度在4.3～11.8等的范围内变化。蛇夫座RS是一颗白矮星，从它周边的红巨星吸积物质，导致亮度爆发。巴纳德星是距离地球最近的恒星之一，要用双筒望远镜才能看见，星等只有9.5等。巴纳德星的运行速度为166千米每秒，是目前已知恒星中速度最快的。

神话传说

蛇夫座的命名是为了纪念希腊神话中的医神阿斯克勒庇俄斯。阿斯克勒庇俄斯手握的蛇杖教他认识各种植物的特性，不久之后，他能起死人而肉白骨。在猎户俄里翁被蝎子蜇死后，阿斯克勒庇俄斯用草药复活了俄里翁，冥王哈迪斯因此感觉受到了威胁，说服宙斯杀死了他。现在阿斯克勒庇俄斯和他的巨蛇高悬天空，守望人类。

M14

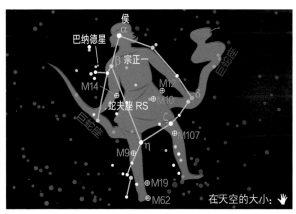

侯
巴纳德星
β 宗正一
M14
M12
M10
蛇夫座 RS
巨蛇座
巨蛇座
δ
ζ
M107
M9
η
M19
M62
在天空的大小：

巨蛇座

组成：8颗恒星（头）、
6颗恒星（尾）
最佳观测时间：
6月/7月
位置：星图南半部
深空天体：
鹰状星云M16

巨蛇座缠绕在蛇夫座的肩膀上，向南方天空延伸。它是唯一被分成两部分的星座，蛇头部分有一个三角形的星组，被称为巨蛇头，而后半部分被称为巨蛇尾。巨蛇的尾巴位于河鼓二和心宿二之间。

恒星和其他天体

M5的亮度并不高，用肉眼很难看见，不过用天文望远镜就能够看见它美丽的形态。M5坐落在大角星和心宿二连线的三分之一位置。M5距离地球2.5万光年，大约由10万颗恒星组成，直径大约有165光年，是全天最大的球状星团之一。天文学家认为M5诞生至今已经约130亿年了，是银河系中最古老的球状星团之一。

格拉夫星团IC 4756藏在巨蛇座中，值得一看。这个疏散星团在天空中所占的面积比满月还要大，它距离地球1 300光年，亮度为4等，用肉眼勉强能够看到。如果我们用双筒望远镜来看，就会发现IC 4756的恒星多

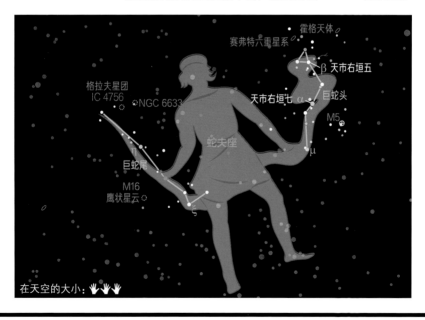

在天空的大小：

✦ 巨蛇座的有趣天体

鹰状星云M16位于蛇尾，距离地球7 000光年，是由星云和星团组成的。很多年龄不超过600万年的年轻、炙热的恒星生存于这片星云中，并将它照亮。用200毫米以上口径的望远镜就可以看到其中两颗恒星。用双筒望远镜只能看到20颗最亮的恒星，及围绕它们的气体云。用口径大于300毫米的望远镜，能够看见这个星云正中的几根创生之柱。

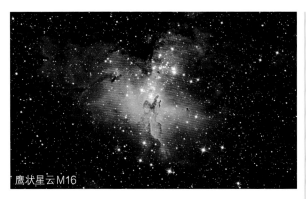

鹰状星云M16

得令人眼花缭乱。而另一个疏散星团NGC 6633就在IC 4756的旁边。疏散星团对于研究恒星的生命周期有着重大意义。一个疏散星团中，所有恒星的年龄和到地球之间的距离都差不多，年龄差异在600年以内。

巨蛇座中还有另一个著名的深空天体——赛弗特六重星系。它由多个星系组成，却依然比较昏暗。引力把这几个星系紧紧束缚在一起，各个星系中都有恒星被引力撕裂。在几十亿年以后，这几个星系最终会合并成一个椭圆星系。

神话传说

在希腊神话中，这条巨蛇教会了医神阿斯克勒庇俄斯很多的医术，让阿斯克勒庇俄斯有了起死回生的本领。众神觉得他们的永生被亵渎，对阿斯克勒庇俄斯痛下杀手，并将他和巨蛇一起放逐到天空。

主要恒星
α l 天市右垣七
颜色： 橙色
星等： 2.7
距离地球 73 光年
η l 天市左垣八
颜色： 橙色
星等： 3.2
距离地球 62 光年
μ l 天乳
颜色： 白色
星等： 3.5
距离地球 156 光年
ξ l 天市左垣十
颜色： 黄色
星等： 3.5
距离地球 105 光年
β l 天市右垣五
颜色： 白色
星等： 3.7
距离地球 153 光年

盾牌座

组成：4 颗恒星
最佳观测时间：
7月/8月
位置：星图东南部
深空天体：
野鸭星团M11

盾牌座是又一个由赫维留在17世纪末命名的星座。这个星座名字的来源没有那么久远，和一桩历史事件有关。这个星座最开始的名字是"苏比斯基之盾"，是赫维留在1683年后期为了纪念维也纳之战中带领基督教军队的波兰英雄、国王约翰三世而起的。约翰三世在维也纳之战中，打败了奥斯曼帝国，取得了战争中决定性的胜利。约翰三世带领7万人打败了两倍有余的敌军。虽然用还在世的人来命名星座的情况并不常见，但是约翰三世为欧洲消灭了最大的威胁，与此同时，他也是赫维留天文研究的出资人，这样看来也合乎情理。

亮星和其他天体

盾牌座位于人马座、天鹰座和巨蛇座中间。这是一个比较小的星座，其中也没有非常亮的恒星，但是盾牌座当中的一些深空天体却是北半球夏天不可不看的奇观。

盾牌座R是一颗脉动变星，距离地球3 600光年。

主要恒星

α｜天弁一
颜色：橙色
星等：3.8
距离地球174光年

β｜天弁四
颜色：橙色
星等：4.2
距离地球920光年

ζ（无对应中文星名）
颜色：黄色
星等：4.7
距离地球207光年

γ（无对应中文星名）
颜色：白色
星等：4.7
距离地球319光年

δ｜天弁二
颜色：黄色
星等：4.7
距离地球202光年

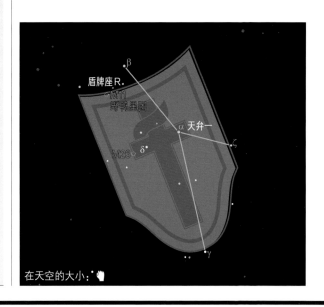

在天空的大小：

野鸭星团M11

盾牌座的有趣天体

虽然盾牌座很小，但它拥有银河系亮点之一的野鸭星团M11。M11位于盾牌座β的西南方，距地球约6 000光年，直径约为25光年。它看起来像一群飞行的野鸭，用双筒望远镜就可以看见它的姿态。如果用102毫米口径的望远镜，就能够看见V形的星团。如果用口径203毫米的望远镜观测，就能够看见几百颗恒星争相闪耀。

这颗黄色的超巨星光变周期为140天，亮度变化范围为4.5～8.2等。对于很多观星者来说，盾牌座R是一个非常不错的观测对象，用双筒望远镜就能看到，而最亮的时候用肉眼就能看见。

在天弁二（盾牌座δ）的东南边，我们能够看见M26这个疏散星团。M26距离地球约5 000光年，亮度为8等，用双筒望远镜就能看见。但M26的成员非常分散，把M26成员和背景恒星区分开来还是有难度的。

天文学家们对超新星残骸G21.5-0.9特别感兴趣。G21.5-0.9距离地球2万光年，科学家们已经观测这个超新星残骸很长时间了。1999—2004年，钱德拉X射线天文台拍摄到了它由放射性物质组成的外壳。

狐狸座

组成：3 颗恒星
最佳观测时间：
8月 / 9月
位置：星图东南部
深空天体：
哑铃星云M27

天琴座

α 齐增五

M27
哑铃星云

NGC 6823

衣架星团

天箭座

在天空的大小：

在夏日的夜晚，狐狸座高挂空中，大致位于天鹰座河鼓二和天琴座织女一中间，银河系正好穿过这个星座。不过要找到这个星座比较困难，因为这个星座的主要恒星远比周边的恒星暗淡许多。

恒星和其他天体

虽然狐狸座的恒星比较暗，但它周围的天体却非常明显。比如，在狐狸座旁边的衣架星团，位于天箭座边缘。干扰光源不多的情况下，我们用肉眼就能够看见这个星团；如果用双筒望远镜或者小型的天文望远镜，我们就能够把这个星团中的恒星一个个分辨出来，而在望远镜中，这个星团才对得起它的名字，6 颗星横向排列，中间由 4 颗星组成了钩子的形状。衣架星团是波斯天文学家苏菲在公元 964 年发现的，第一次看到这个星团的人都会为它如此接近于衣架的外形而感到惊讶。这个星团中，恒星之间的距离其实非常远，并没有直接的关联。狐狸座中真正的疏散星团是 NGC 6823，位于狐狸座最亮的恒星齐增五的西南方。

✦ 狐狸座的有趣天体

1974 年，梅西耶把 M27 编入他的天体目录中，但哑铃星云这个名字则是约翰·赫歇尔提出的。哑铃星云位于人马座最亮恒星的北方，由一大片喷射出的气体组成，它两边的气体比较对称，看起来就像一只哑铃。如果用口径较大的望远镜，我们能够看清楚这个星云的细节，用双筒望远镜就只能看到一个模糊的外形，亮度也不高。

天箭座

组成：6颗恒星

最佳观测时间：
8月/9月

位置：星图东南部

深空天体：

球状星团M71

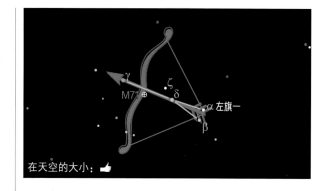

在天空的大小：👍

　　天箭座很小，位于银河内，箭指着的方向穿过天鹰座的河鼓二和天鹅座的天津四之间。天箭座是全天最小的星座之一，但它却是托勒密最初确定的48星座之一。天箭座接近黄道，所以在世界各地都能看到。这个星座位于夏季大三角（河鼓二、织女一和天津四组成的星组）内。夏天的时候，天箭座会比较高，是北半球中纬度地区观测的最好时节。M71则是天箭座值得关注的深空天体，我们用双筒望远镜就能在箭身旁边找到这个球状星团。M71比较亮，距离地球1.3万光年左右，半径为45光年左右。

球状星团M71

神话传说

　　天箭座这个小小的星座，在很多的文化（例如希腊、罗马、波斯和希伯来）中都有相关的传说，而且这些文化都把这个星座想象成了箭。在古希腊罗马的神话中，有关天箭座来源的故事有好几种版本，有的说天箭座是丘比特使用的爱之箭，有的说它是阿波罗消灭独眼巨人的箭，也有的说它是赫拉克勒斯射向斯廷法利斯湖怪鸟的箭。

天秤座

组成：8 颗恒星

最佳观测时间：6月/7月

位置：星图西南部

深空天体：变星折威七（天秤座 σ）

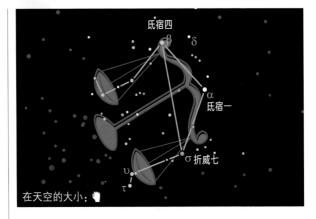

氐宿四
β
δ
α
氐宿一
σ 折威七
υ
τ
在天空的大小：

天秤座最亮的3颗星构成天秤顶部的三角形，两个秤盘朝西指向天蝎座的心宿二。在北半球的夏夜，天秤座就在银河上方，距离南部的地平线很近，位于室女座和天蝎座中间。

天秤座 σ，也称为折威七，就在天平横梁的北部。折威七是一颗脉动周期20天的半规则变星，在15～20分钟内产生视星等0.1～0.15等的小幅变化，间隔2.5～3.0小时，用肉眼可以直接观察到。天文学家认为恒星不可能是绿色的，但氐宿四似乎对这种说法提出了挑战。氐宿四（天秤座 β）是天秤座最亮的星，很多个世纪以来，无数的天文爱好者都认为这是天空当中唯一一颗绿色的恒星，但这种绿色也有可能只是在欺骗你的眼睛。具体情况还请各位观星者自己去寻找。

神话传说

天秤座最亮的两颗星为氐宿一和氐宿四，是由阿拉伯的天文学家们命名的，这两颗星的名字在阿拉伯文中指蝎子的两个钳子。直到约1 000年以后，罗马人才将这两颗恒星归到了天秤座，并用这个星座标示秋分时太阳的位置，此时白天和黑夜处于平衡状态。

延伸阅读

天秤座是黄道十二星座之一，也是黄道星座当中唯一被想象成为非生物的星座。古希腊神话中，天秤座是掌管正义的女神所使用的天平。

鹿豹座

组成：5 颗恒星
最佳观测时间：全年
位置：星图北部
深空天体：
NGC 1502 星团

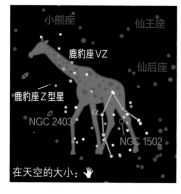

在天空的大小：✋

这个星座是 17 世纪的时候引入的，用来填充大熊座、小熊座和英仙座之间的星空。在古希腊，这种动物被称为"驼豹"，它们的头像骆驼，身上有豹子一样的斑点。NGC 1502 星团值得一看。甘伯串珠是鹿豹座的一个星群，在这个星群的一端，我们能够发现疏散星团 NGC 1502。NGC 1502 有两个双星系统，一个亮度为 5 等，一个亮度为 9 等。

鹿豹座 VZ，也称为六甲四，是一个不规则变星，位于鹿豹座的西北方，靠近北极星。这颗变星的亮度变化比较小，观测也会有些难度，它的亮度会在 4.8 ~ 4.96 等之间变化，属于激变变星。鹿豹座的另外一个深空天体是 NGC 2403，距离地球约 1 200 万光年，是一个旋涡星系，曾在 2004 年有过一次超新星爆发。

南冕座

组成：7 颗恒星
最佳观测时间：
7 月 /8 月
位置：星图东南部
深空天体：
NGC 6541 星团

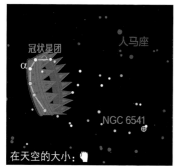

在天空的大小：✋

南冕座是托勒密最初 48 星座之一。从北半球中纬度地区看来，南冕座只会升到地平线上几度的地方，就在天蝎座尾巴上尾宿八的西方。南冕座是个非常小的星座，没有亮度超过 4 等的恒星，但却是一片恒星诞生非常活跃的区域。在专业的大型望远镜中，才能够看清楚冠状星团和南冕座星云，摄影师在这里共拍到了 30 颗恒星的诞生。在星座南方的边缘，我们可以发现球状星团 NGC 6541，亮度为 6.6 等，用天文望远镜可以看见。

尽管南冕座很小，但相关的神话传说非常多，很多传说中都把这个星座当成是月桂花环或者是无花果叶做成的皇冠，属于半人马喀戎。

秋季星空

在晚秋时节，秋季四边形协同飞马座其他的恒星，高悬于南部星空。通过壁宿二这颗亮星，和周边马形状的星组，我们很快就能辨认出来仙女座。在飞马座下，稍南方一点的位置，就是双鱼座和代表巨大怪兽的鲸鱼座。秋天的星空中，还有 3 场盛大的流星雨值得观测：10 月的猎户座流星雨，11 月的金牛座流星雨和狮子座流星雨。秋天也是观测星系的好时机，例如仙女星系 M31，此时用肉眼就能够看见。

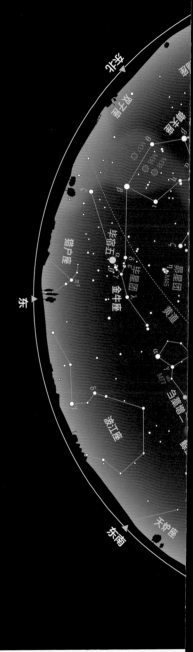

日期	时间
9月21日	晚上11时
10月21日	晚上10时
11月1日	晚上9时

星等		深空天体	
● −0.5 等及更亮	● 2.1～2.5 等	◉ 疏散星团	
● −0.4～0.0 等	• 2.6～3.0 等	⊕ 球状星团	
● 0.1～0.5 等	• 3.1～3.5 等		
● 0.6～1.0 等	• 3.6～4.0 等	□ 亮星云	
● 1.1～1.5 等	• 4.1～4.5 等	✦ 行星状星云	
● 1.6～2.0 等	• 4.6～5.0 等		
	☀ 变星	— 星系	

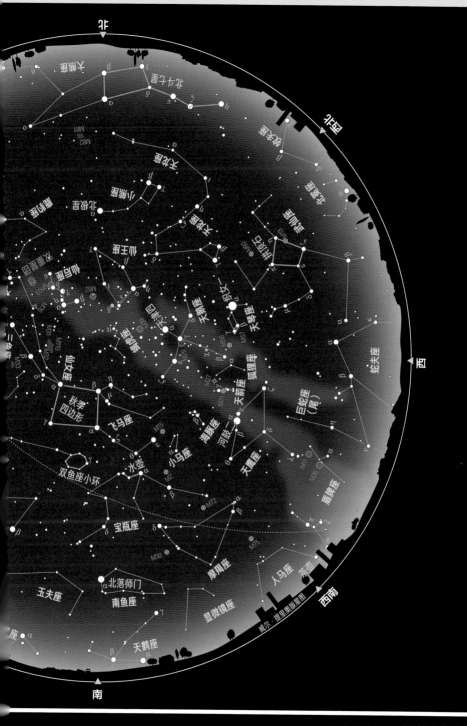

秋季星桥

　　秋季的星空中没有多少亮星，但是秋季四边形却非常容易辨认，通过这个四边形来找其他的星座就会简单很多。将四边形东方的那条边向南延伸，我们就可以找到鲸鱼座最亮的恒星土司空。将西方的那条边进行同样的操作，我们能够找到北落师门（南鱼座 α）。

　　向东延长飞马座四边形上的边，或者延长和仙女座恒星的连线，我们能够找到比较暗的星座，例如白羊座和三角座，顺便我们也能找到三角座内的旋涡星系 M33。在北部星空，我们能够找到 W 形的星座仙后座，它也是另一个我们在秋季进行定位的工具。通过延长 W 中恒星的连线，我们能追踪到东边的英仙座和西边的仙王座。

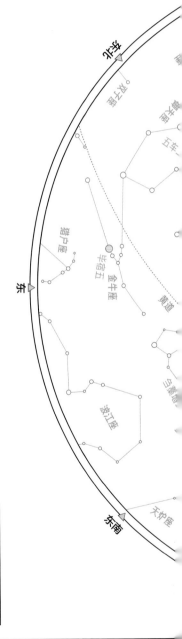

星等

○ -0.5 等及更亮　　○ 2.1 ~ 2.5 等
○ -0.4 ~ 0.0 等　　○ 2.6 ~ 3.0 等
○ 0.1 ~ 0.5 等　　· 3.1 ~ 3.5 等
○ 0.6 ~ 1.0 等　　· 3.6 ~ 4.0 等
○ 1.1 ~ 1.5 等　　· 4.1 ~ 4.5 等
○ 1.6 ~ 2.0 等　　· 4.6 ~ 5.0 等
　　　　　　　　　　◎ 变星

连线

⬅ 35° 视线沿恒星移动的方向
-- 与角度
—— 星群连线
---- 星座连线

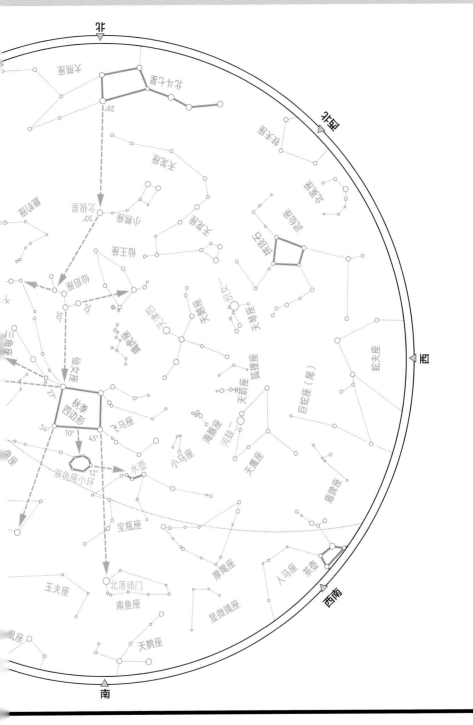

仙后座

组成：8 颗恒星

最佳观测时间：
10 月 / 11 月

位置：星图东北部

深空天体：
疏散星团 M52

　　仙后座靠近北天极,北半球的观星者全年都能看到它。仙后座的形态就像一位王后端坐在王座上，置身于银河中，面朝北极星。仙后座的面前是仙女座和英仙座，背后是仙王座和小熊座。仙后座呈明显的 W 形，很容易辨识。仙后座的最佳观测时间是在秋季，此时它到达最高点。

　　仙后座的几个星团中，距离地球 5 000 光年的疏散星团 M52 最适合初学者观测，用天文望远镜轻易就能看见。它位于仙后座 W 形最南边两颗星连线的延长线上，其中有约 100 颗恒星，是北部天空中恒星最多的星团之一。使用双筒望远镜可以看到星系 M103，它距离阁道三只有 1 度。

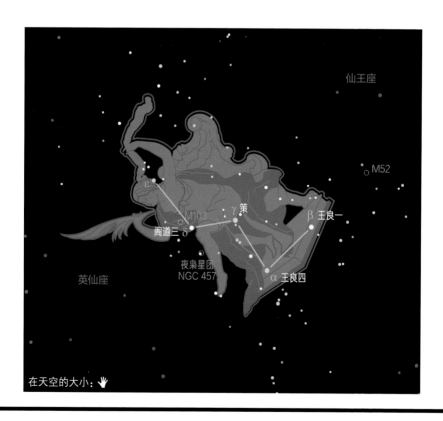

仙王座

M52

ε

M103

γ 策

β 王良一

阁道三 δ

夜枭星团
NGC 457

α 王良四

英仙座

在天空的大小：

✦ 仙后座的有趣天体

NGC 457是仙后座中最引人瞩目的星团，不是因为亮，而是因为它的形态很特别。这个距离地球7 900光年的星团被称为夜枭星团或外星人星团。星团中的两颗亮星就像两只眼睛，从核心向外延伸出的两条恒星流，有人认为是猫头鹰的翅膀，也有人认为是类似于电影中外星人向外伸展的手臂。我们用双筒望远镜只能看到星团中最亮的恒星，使用天文望远镜可以看到更多暗一些的星星。

夜枭星团NGC 457

主要恒星
α丨王良四
颜色: 橙色
星等: 2.2
距离地球230光年
β丨王良一
颜色: 黄色
星等: 2.3
距离地球55光年
γ丨策
颜色: 蓝色
星等: 2.5
距离地球610光年
δ丨阁道三
颜色: 白色
星等: 2.7
距离地球99光年

神话传说

在珀尔修斯（英仙座）与安德洛墨达（仙女座）的古希腊罗马神话中，仙后座代表的卡西奥佩娅扮演了关键角色。在故事的开始，埃塞俄比亚王后卡西奥佩娅吹嘘自己的女儿安德洛墨达比海神的女儿还漂亮。这让海神波塞冬很生气，他让卡西奥佩娅自己选，要么献祭出自己的女儿，要么看着整个王国被海怪摧毁。宙斯的儿子珀尔修斯救了安德洛墨达，使她摆脱了被献祭的命运，但卡西奥佩娅没有逃脱惩罚。她死后被放逐到天空中，并被链条绑在王座之上，一年中有半年的时间，她是被头朝下挂在天空中。这则传说中的角色都分布在仙后座附近，包括她的丈夫克甫斯（仙王座）。

英仙座

组成：14 颗恒星
最佳观测时间：
11 月 / 12 月
位置：星图东北部
深空天体：
双重星团 NGC 869
和 NGC 884

一年中大部分时间都可以在北方天空中看到英仙座，它横跨银河，毗邻仙后座和仙女座。这 3 个星座都是同一个希腊神话中的角色，英仙座代表的珀尔修斯是故事中的主角与英雄。对于刚开始仰望星空的人来说，英仙座是比较容易找到的星座。英仙座虽然在一年中的大部分时间都可见，但最佳观测时间还是在深秋。

亮星与其他天体

英仙座拥有一些明亮而好认的特点，中央是亮度为 1.8 等的天船三（英仙座 α），周围还有 5 颗亮度在 3 等以上的恒星。其中，大陵五（英仙座 β）是一颗著名的食变双星，掩食时，它的亮度会变暗 1 个星等并持续 10 小时，光变周期是 3 天。英仙座中还有一个著名的深空天体——双重星团 NGC 869 和 NGC 884。这两个星团看起来仿

延伸阅读

在英仙座的故事中，变星大陵五代表着美杜莎的眼睛。它的英文 "Algol" 源自阿拉伯语，意为 "恶魔的头颅"，在希伯来语中意为 "撒旦之首"。看来，古人都认为这颗星充满了不祥。

仙后座
NGC 884　NGC 869
M76 小哑铃星云
天船三
α
仙女座
M34
大陵五　β
ε
三角座
ζ
白羊座
在天空的大小：

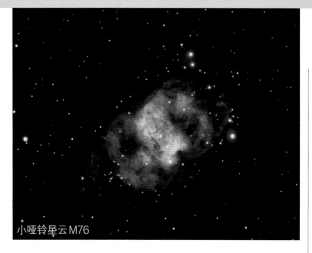
小哑铃星云M76

英仙座的有趣天体

小哑铃星云与地球的距离尚未确定，它得名于一个更大、更亮的行星状星云。在天文望远镜中，这个亮度为10等的星云只是一个朦胧光斑，它位于仙后座正南方与仙女座的边界附近，比较容易找到。

佛连接在一起，好像占据了大片区域，但实际上它们是分开的星团，二者并无关联。在观测时，观测者最好使用双筒望远镜，或者给天文望远镜换上低倍率的目镜，这样会有较宽广的视场，能看到更多的双星和多星系统。

英仙座流星雨，顾名思义，辐射点在英仙座中，它从7月底就开始活动，人类对它的观测已经有近2 000年的历史。英仙座流星雨起源于斯威夫特－塔特尔彗星留下的残骸，这颗彗星第一次被发现是在1862年，它的轨道周期是133年，最近一次经过地球是在1992年。

神话传说

宙斯半人半神的儿子珀尔修斯（英仙座），是古希腊罗马神话中最杰出的英雄之一。他深受雅典娜的喜爱，被赐予了很多礼物，包括一面光可鉴人的盾牌。珀尔修斯在与蛇发女妖美杜莎战斗时，为了避免被美杜莎凝视而变成石头，他用那面光亮的盾牌作为镜子来观察女妖。当他砍下美杜莎的头时，一匹长有翅膀的飞马从她的血液里诞生，珀尔修斯将飞马驯服作为自己的坐骑。之后，珀尔修斯用美杜莎的头作为武器，从海怪赛特斯（鲸鱼座）手中解救了安德洛墨达（仙女座），即使美杜莎的头被砍下，蛇发女妖的凝视依然能将赛特斯（鲸鱼座）变成石头。

主要恒星		
α丨天船三		
颜色：黄白色		
星等：1.8		
距离地球 590 光年		
β丨大陵五		
颜色：蓝白色		
星等：2.1		
距离地球 93 光年		
ζ丨卷舌四		
颜色：蓝白色		
星等：2.8		
距离地球 981 光年		
ε丨卷舌二		
颜色：蓝色		
星等：2.9		
距离地球 538 光年		
γ丨天船二		
颜色：黄色		
星等：2.9		
距离地球 262 光年		

飞马座

组成：15 颗恒星
最佳观测时间：
9 月 / 10 月
位置：星图中央
深空天体：
球状星团M15

这匹长着翅膀的马是希腊神话中的常客，被列为星座、永悬夜空也是合情合理。尽管飞马座中并没有什么明亮的星星，但它在天空中占据了很大一片天区。

恒星和其他天体

这匹神话中长着翅膀的战马位于仙女座的南方。仙女座内部的恒星壁宿二与飞马座的3颗亮星组成了秋季四边形，这个星群是我们寻找附近星座的重要参照物。

M15是北方天空中非常醒目的球状星团，在飞马座的最东边，靠近飞马的鼻子危宿三，就像一只讨厌的苍蝇。M15距离地球3.3万光年，用双筒望远镜就可以看到，而用天文望远镜观测，你会看到约10万颗恒星密密麻麻地聚成一团。

广受瞩目的斯蒂芬五重星系由看起来很近的5个星系组成，位于飞马座的北边。其中4个星系正在相互碰撞，

延伸阅读

在某种意义上，飞马座是美杜莎的后代。珀尔修斯（英仙座）杀死美杜莎时，一匹飞马从她的血液中诞生。

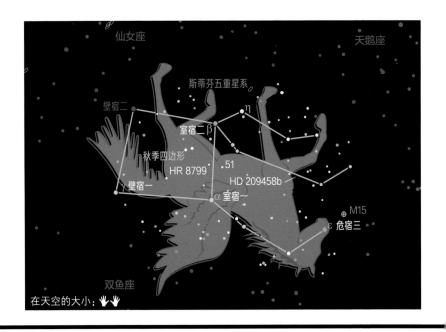

在天空的大小：🖐🖐

✦ 飞马座的有趣天体

科学家们研究系外行星时，从飞马座中收获颇丰。系外行星就是那些围绕太阳之外的恒星公转的行星，它们是探索地外生命的重点目标。1955年，天文学家第一次发现围绕稳定恒星运行的系外行星就是在飞马座，这是一颗像"热木星"一样的气体巨星，绕着类似于太阳的恒星飞马座51公转。在飞马座中，我们还发现了另外11颗恒星拥有系外行星。其中包括HD 209458b，在这里，我们第一次在系外行星大气中发现了水蒸气的痕迹。第一张系外行星的直接成像拍摄的是HR 8799中的行星。

球状星团M15

而第5个星系可能是前景星系，更靠近银河系。

神话传说

　　飞马座是著名的神话角色。它与附近的仙女座、英仙座、鲸鱼座、仙王座和仙后座一起演绎了珀尔修斯和安德洛墨达的故事，在其中，飞马是珀尔修斯的坐骑。在另一个故事中，希腊英雄柏勒洛丰拿着从雅典娜处取得的一条特殊缰绳去驯服飞马，然后骑着飞马去和怪兽喀迈拉战斗。飞马最后的使命是把武器雷霆之剑交给宙斯，作为奖励，它被升到天空中成为一个星座。

主要恒星

ε丨危宿三
颜色: 橙色
星等: 2.4
距离地球 673 光年

β丨室宿二
颜色: 红色
星等: 2.4
距离地球 200 光年

α丨室宿一
颜色: 蓝白色
星等: 2.4
距离地球 140 光年

γ丨壁宿一
颜色: 蓝色
星等: 2.8
距离地球 333 光年

η丨离宫四
颜色: 黄橙色
星等: 2.9
距离地球 167 光年

仙女座

组成：7颗恒星
最佳观测时间：
10月/11月
位置：星图中央
深空天体：
仙女星系M31

在古希腊罗马的神话中，仙女座代表了埃塞俄比亚公主安德洛墨达，她被拴在岩石上作为天神的祭品。天空中，暗淡的仙女座呈倒置的V形。在秋季的夜晚，仙女座位于秋季四边形东北角壁宿二的东北方。

恒星和其他天体

天大将军一（仙女座γ）是一个双星系统，两颗星分别是金黄色和蓝色，通过天文望远镜可以轻松找到。在天大将军一南边5度可以看到疏散星团NGC 752，距离地球1 300光年，用双筒望远镜观测最佳。使用口径152毫米以上的望远镜，在天大将军一南边4度的位置可以看到NGC 891，距离地球3 000万光年，它是侧面朝向地球的旋涡星系中最完美的样本，一条尘埃带穿过星系中央。

仙女座中最有名的天体是仙女星系M31，它距离地

延伸阅读

仙女星系比较容易找到：先找到壁宿二（秋季四边形的一个角），经过两颗亮星后找到奎宿九。连接奎宿九和奎宿八（仙女座μ），按照这两颗星之间的距离向外延伸，所到之处就是仙女星系。

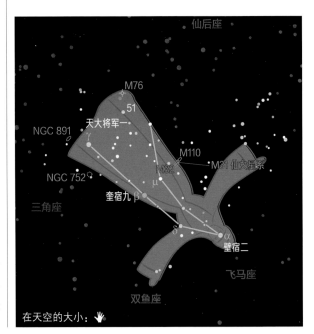

在天空的大小：

星系 M110 的核心非常明亮，照亮了仙女座的这一片区域

球254万光年，是夜空中用肉眼能看到的最远的天体。仙女星系是一个巨型的旋涡状星系，与银河系不太一样。据估计，仙女星系中有一万亿颗恒星，超过银河系内恒星数目的两倍。肉眼看到的仙女星系就像一团椭圆形的白斑，位于仙女座西侧。仙女星系在天空中占据了超过3度的空间，宽度相当于6个月面连在一起。通过望远镜，你可以看到远离中心的尘埃带，以及亮度稍暗的椭圆形卫星系：M32 和 M110。

神话传说

卡西奥佩娅（仙后座）是安德洛墨达的母亲，她吹嘘自己的女儿比海神的女儿漂亮。这让海神波塞冬很生气，便派遣海怪赛特斯（鲸鱼座）去摧毁埃塞俄比亚，除非卡西奥佩娅和她的丈夫克甫斯（仙王座）愿意献祭出他们的女儿。珀尔修斯（英仙座）救了公主，他使用美杜莎的头颅将海怪赛特斯变成了石头。故事中的所有出场的人物——仙女的父亲克甫斯、卡西奥佩娅、赛特斯、珀尔修斯以及珀尔修斯的坐骑珀加索斯（飞马座）——都是天空中邻近的星座。

主要恒星
α｜壁宿二
颜色：蓝白色
星等：2.1
距离地球 97 光年
β｜奎宿九
颜色：橙色
星等：2.1
距离地球 197 光年
γ｜天大将军一
颜色：橙色
星等：2.2
距离地球 350 光年
δ｜奎宿五
颜色：橙色
星等：3.3
距离地球 101 光年

宝瓶座

组成：13 颗恒星

最佳观测时间：
9 月 / 10 月

位置：星图西南部

深空天体：

星团 M2

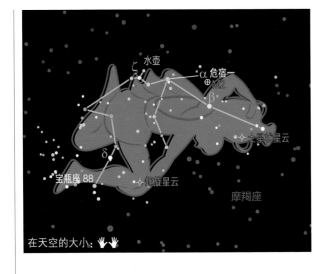

在天空的大小：🖐🖐

宝瓶座的有趣天体

极大期在 7 月 29 日的宝瓶座 δ 流星雨，是几周后达到极大的英仙座流星雨的开胃菜。这一流星雨最适合于黎明前观看，此时宝瓶座才刚刚升起。在晴朗的、没有灯光影响的夜晚，每小时可以看到 15～20 颗流星，流星雨可以持续到 8 月中旬。

　　宝瓶座位于双鱼座和摩羯座之间，秋季四边形之南，内部的恒星都比较暗。宝瓶座在秋天将到达最高点，位于南部星空的中央，此时最适合观测。宝瓶座 88，即羽林军廿八，是一颗肉眼可见的橙红色巨星。

　　用望远镜可以在宝瓶座内看到两处行星状星云，其中螺旋星云离地球更近，它的密度较低，看起来有半个满月大。土星状星云体积更小、离得更远，它看起来像一个明亮的小绿点。

神话传说

　　宝瓶座中很多亮星的阿拉伯名字都象征着好运。危宿一，宝瓶座的 α 星，它的阿拉伯名字的意思是"国王的幸运星"。埃及人也很重视这个星座，他们认为宝瓶座是每年带来尼罗河洪水的人，灌溉了干涸的农田，而这个星座的黄道符号就是水的象形文字。宝瓶座也被认为是宙斯的侍酒师盖尼米得的化身，他负责将水壶中的水或酒倾倒入波江座中，以保证这条天河的水源充足。

摩羯座

组成： 12 颗恒星
最佳观测时间：
8月/9月
位置： 星图东南部
深空天体：
球状星团M30

摩羯座是黄道星座，其中的星星亮度都不高，最亮的也不过是3等星，但摩羯座的大三角在夜空中还是比较容易辨认的。摩羯座位于天鹰座河鼓二的东南边，毗邻人马座、南鱼座和宝瓶座。

球状星团M30距离地球约2.48万光年。用天文望远镜观看M30时，会发现星团的致密核心很难对焦。使用双筒望远镜可以看到斑点状的星团。M30在银河系中逆行，表明它被一个银河系的卫星星系吞噬，而这个卫星星系因离银河系太近，也在被银河系巨大的引力吸引过来，慢慢融入银河系。

神话传说

人们一直认为摩羯座本来是一只山羊，只是后来才被赋予了鱼尾。在一则神话故事中，牧神潘恩为了躲避怪兽跳入了尼罗河，河水让他长出了鱼尾。在一个更老的故事中，摩羯座作为宙斯的战士参加了与泰坦之间的战争。他发现海螺的回声能吓退泰坦。作为回报，宙斯将他升到天空成为一个星座，并赋予其鱼尾和角以纪念他的发现。

球状星团M30

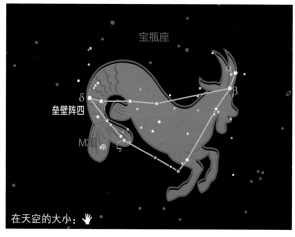

在天空的大小：

双鱼座

组成：17 颗恒星
最佳观测时间：
10 月 / 11 月
位置：星图东南部
深空天体：
旋涡星系 M74

双鱼座的有趣天体

双鱼座小环最西边一颗星名为双鱼座 TX，以极不规律的光变而著名。双鱼座 TX 在可见恒星中颜色最红，亮度在 4.9～5.5 等不规律变化。它距离地球 760 光年，用双筒望远镜就能看到。双鱼座 TX 最亮时，在暗夜条件较好的地方，用肉眼就能看到。

双鱼座是一个古老的黄道星座，看起来就像尾巴被拴在一起的两条鱼。双鱼座在秋季四边形附近，10 月的双鱼座在头顶区域，11 月时移动到东南方。外屏七（双鱼座 α）位于两条鱼尾相交的地方，靠近鲸鱼座。双鱼座在空中呈现一个大 V 形。

双鱼座南边有 5 颗暗星组成的双鱼座小环，代表双鱼座中较大的那条鱼。外屏三（双鱼座 ζ）是一个双星系统，两颗星的亮度分别是 5 等和 6 等。范玛宁星是一颗少有的热白矮星，一颗死去恒星的核心，需要口径至少为 203 毫米的望远镜才能看到。这样口径的望远镜还能看到暗淡的 M74，这是一个面向地球的旋涡星系，位于双鱼座中较小的那条鱼的外侧。仅在 21 世纪，已经在这个距离地球 3 000 万光年远的星系中发现了 3 次超新星爆发。

神话传说

在古希腊的神话中，双鱼座的两条鱼是女神阿佛洛狄忒和她儿子厄洛斯的化身，为躲避怪兽提丰而跳到水里变成了鱼，为了防止走散，他们把鱼尾绑在了一起。在古罗马神话中，这两条鱼是维纳斯和丘比特的化身。

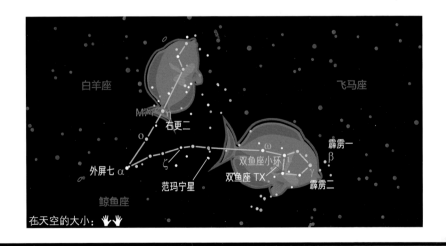

在天空的大小：

海豚座

组成：5 颗恒星
最佳观测时间：
8月/9月
位置：星图东北部
深空天体：双星瓠瓜
二（海豚座 γ）

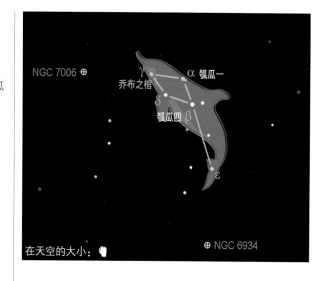

在天空的大小：

海豚座的有趣天体

这个小巧的星座中有两个漂亮的球状星团，它们距离遥远，使用天文望远镜可以看见。NGC 6934 距离地球5万光年，位于海豚座附近。NGC 7006 位于瓠瓜二（海豚座 γ）附近，距离地球11.3万光年。

　　海豚座个头小巧但形状特别。4颗星组成了乔布之棺，这也是海豚座的躯干，另外1颗星代表海豚座弯曲的尾巴。连线天鹰座的河鼓二与天鹅座的天津四两颗星，在这条连线的正西方就是海豚座，而这只海豚好像正在往飞马座游去。

　　海豚座中的深空天体是瓠瓜二（海豚座 γ），是海豚座的成员之一。瓠瓜二是一对距离地球101光年的光学双星，双星成员间的距离为10角秒。通过望远镜可以看到这对双星，亮度偏暗的那颗星颜色略微偏绿。

神话传说

　　在希腊神话中，海神波塞冬很喜欢那只海豚，后来就把它升上天空，成为海豚座。传说中，波塞冬欲娶安菲特里忒为妻，但开始她并未同意，经过这只海豚的劝说，最终嫁给了波塞冬。

蝎虎座

组成：8 颗恒星
最佳观测时间：
10 月
位置：星图中央
深空天体：蝎虎天体

在天空的大小：

延伸阅读

蝎虎座是一个现代星座，用以填补古代星座之间的空隙，因此没有相关的神话故事或背景故事。关于这片星空的命名来源，人们在纪念路易十四和腓特烈大帝之间争论不决。

北天星座蝎虎座是由赫维留创立并命名。蝎虎座中的恒星普遍偏暗，所在的区域也偏小，但是它"之"字形的外形在夜空中轻易就能辨识出来。蝎虎座呈 W 形，形状和面积与邻居仙后座很像，只是比仙后座暗淡很多。在天鹅、仙后座和仙女座之间可以找到蝎虎座。受邻近星座亮星的影响，对于初入门的观星者来说，找到蝎虎座是个不小的挑战。

蝎虎座中的恒星都没有专有名称，其中最特别的天体——蝎虎天体，亮度很暗，需要用放大倍率最大的天文望远镜才能看得到，但它很值得一看。蝎虎天体是一个椭圆星系的中心，亮度在 12 ~ 16.1 等之间变化，但它不是典型的变星。天文学家认为蝎虎天体是一种类星体（见第169页），核心有一个黑洞，黑洞喷流携带的光和能量正好朝向地球的方向。蝎虎座中虽然没有梅西耶天体，但确实存在一些疏散星团。

三角座

组成：3 颗恒星
最佳观测时间：
11月 / 12月
位置：星图东南部
深空天体：
风车星系M33

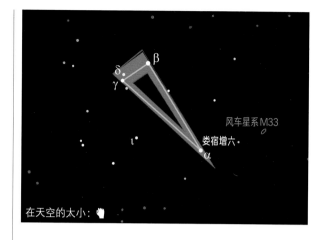

在天空的大小：✋

　　一旦找到仙女座东边的暗星，就比较容易能认出三角座来。三角座是托勒密48星座之一，不同的文明对它有不同的联想。在被命名为三角座之前，古希腊人很早就注意到了这个暗淡的星群，因为形状很像希腊字母，所以有段时间被称为德尔塔。

恒星和其他天体

　　三角座中最独特的天体是风车星系M33，它是银河系中的成员。M33距地球300万光年。与银河系一样（银河系是棒旋星系），M33是一个旋涡星系。从地球的方向看过去，正好能看到M33星系盘的正面。在暗夜环境特别好的观测条件下，可以隐约看到风车星系的微光。用一台大视场的望远镜可以更清楚地欣赏风车星云的全貌。

　　2007年，科学家们在风车星云中发现了一个质量为15.7倍太阳质量的黑洞正绕着伴星旋转。科学家预言，这颗黑洞的伴星最后会经历超新星爆发，M33中将出现双黑洞系统。

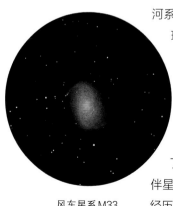

风车星系M33

鲸鱼座

组成：13 颗恒星
最佳观测时间：
11 月
位置：星图东南部
深空天体：
变星刍藁增二

鲸鱼座的面积很大但不明亮，有自己独特的结构。连接鲸鱼座头部和身体的刍藁增二是一颗非常著名的长周期变星。花时间观测418光年外的刍藁增二是一件非常值得做的事，这可以让你更加了解星等。刍藁增二最亮可达2.0等，经过11个月的光变，亮度减弱到9.3等，此时肉眼不可见。

神话传说

在听到埃塞俄比亚王后卡西奥佩娅夸口说自己的女儿比海神女儿还美丽后，海神波塞冬驱使着这头巨型鲸鱼，在埃塞俄比亚兴风作浪。也有传说认为鲸鱼座代表《旧约》中吞噬约拿的那头鲸鱼。

小马座

组成：4 颗恒星
最佳观测时间：9 月
位置：星图东南部
深空天体：无

小马座位于拥挤的南方星空，很容易被忽略。小马座位于两个更大的星座之间：东北方是另一匹和马相关星座——飞马座，正南方是天鹰座。这两个星座都很容易辨认，可以作为寻找小马座的辅助。

虽然小马座的形状不像马，但小马座的创立归功于一位杰出的天文学家——古希腊时期的观星者依巴谷。托勒密认为小马座只有马的一部分，阿拉伯的天文学家则认为小马座中只有它的 α 星——虚宿二比较重要。

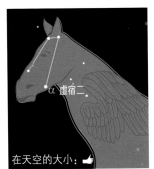

神话传说

在希腊神话中，小马座被认为是飞马的弟弟。在有的传说中，小马座归属于卡斯托，他的双胞胎兄弟是波利克斯（双子座）。

南鱼座

组成：11 颗恒星
最佳观测时间：
9月 / 10月
位置：星图西南部
深空天体：无

古埃及人把这一星座想象成一条鱼。在秋季，南鱼座很容易找到，它位于宝瓶座的正南方、摩羯座的正东方，南鱼座是摩羯座在这片"水域"的伙伴。北落师门是南鱼座最显眼的天体，它是夜间全天第18亮的恒星，离地球仅25光年。北落师门的年龄只有2亿~3亿年，相对于它10亿岁的寿命来说还很年轻。北落师门的体积是太阳的5倍，亮度是太阳的14~17倍。2008年11月，哈勃空间望远镜对北落师门的观测获得了突破性进展，照片中似乎有一颗行星在围绕北落师门旋转，这颗行星被命名为北落师门b。随着更细致的观测，关于这颗行星成分的疑问也逐渐浮现，它被尘埃覆盖并有不明光学辐射。

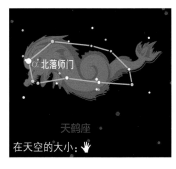

在天空的大小：

天鹤座

组成：11 颗恒星
最佳观测时间：
9月 / 10月
位置：星图西南部
深空天体：
天鹤四重星系

天鹤座会短暂地出现在秋季星空的南部区域，呈X形，中央是红巨星鹤二，位于南鱼座北落师门的正南方。

即使是天鹤座中最亮的3颗星，也不那么引人注目，但它们展示了视星等与距离之间的关系。天鹤座的α星——鹤一，在阿拉伯语中的意思是"最亮的尾巴"。鹤一最亮的原因是它距离地球只有100光年，是一颗大型蓝色恒星。第二亮的鹤二（天鹤座β）绝对星等是鹤一的10倍，但是鹤二距离地球170光年，看起来比鹤一要暗一些。败臼一（天鹤座γ）的绝对星等比鹤一和鹤二都要亮，但它到地球的距离是211光年，比鹤一和鹤二都要远，看起来就比它们暗一些。天鹤四重星系由4个旋涡星系组成：NGC 7552、NGC 7582、NGC 7590 与 NGC 7599。

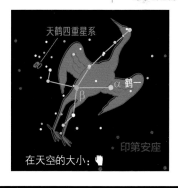

在天空的大小：

冬季星空

　　明亮的参宿四位于猎户座猎人的左肩处，蓝白色的参宿七构成了猎人的右脚。猎人的腰带由3颗星组成，上面挂着一柄宝剑，而宝剑中间那颗星实际上是猎户座大星云，恒星的"育婴室"。在参宿四的西北边是金牛座，这里有两个著名的疏散星团：昴星团和毕星团。

　　在猎户座的北方，有一颗位于银河之中的明亮的黄色恒星，这就是御夫座的五车二。猎户座的东北方，是由双胞胎兄弟北河二和北河三组成的双子座。亮白色的天狼星位于猎户座的西南方，属于大犬座。天狼星的北边是它的小伙伴——小犬座，其中最明亮的恒星是南河三。

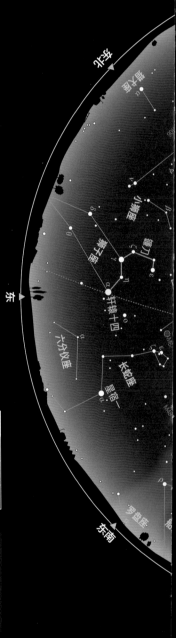

日期	时间
12月21日	晚上11时
1月21日	晚上9时
2月1日	晚上8时

星等

- ● −0.5 等及更亮
- ● −0.4 ~ 0.0 等
- ● 0.1 ~ 0.5 等
- ● 0.6 ~ 1.0 等
- ● 1.1 ~ 1.5 等
- ● 1.6 ~ 2.0 等
- ● 2.1 ~ 2.5 等
- ● 2.6 ~ 3.0 等
- ・ 3.1 ~ 3.5 等
- ・ 3.6 ~ 4.0 等
- ・ 4.1 ~ 4.5 等
- ・ 4.6 ~ 5.0 等
- ✱ 变星

深空天体

- ◎ 疏散星团
- ⊕ 球状星团
- □ 亮星云
- ◇ 行状星云
- — 星系

冬季星桥

　　狮子座与它的镰刀星群侧卧在东方地平线附近，而大熊座中的北斗七星则立在东北方低空。对北斗七星中魁星的不同"连线"，可以指向到部分冬季星空中的亮星：双子座的北河二（亮白色）和北河三、御夫座的五车二（黄色）。冬季六边形包围的区域占据了冬季南部星空的大部分区域。从五车二开始，顺时针旋转，可以依次找到 7 颗亮星：最先看到的是橙色的毕宿五，然后是参宿七和天狼星，转向东边可以找到南河三、北河三和北河二，最后又回到了五车二。毕宿五是金牛座中最亮的恒星，在金牛座中，查尔斯·梅西耶找到了梅西耶星表的第一个成员：蟹状星云 M1。

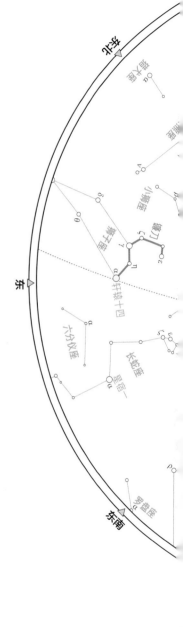

星等

- ◯ −0.5 等及更亮
- ◯ −0.4 ~ 0.0 等
- ◯ 0.1 ~ 0.5 等
- ◯ 0.6 ~ 1.0 等
- ◯ 1.1 ~ 1.5 等
- ◯ 1.6 ~ 2.0 等
- ○ 2.1 ~ 2.5 等
- ○ 2.6 ~ 3.0 等
- ∘ 3.1 ~ 3.5 等
- ∘ 3.6 ~ 4.0 等
- ∘ 4.1 ~ 4.5 等
- ∘ 4.6 ~ 5.0 等
- ◎ 变星

连线

- 35° ◀--- 视线沿恒星移动的方向与角度
- ── 星群连线
- ── 星座连线

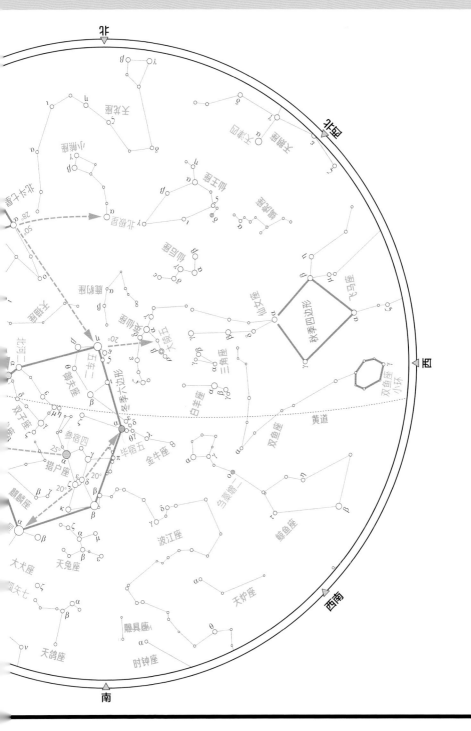

猎户座

组成：20 颗恒星
最佳观测时间：
1月/2月
位置：星图东南部
深空天体：
猎户大星云M42

　　猎户座应该是夜空中最容易辨认的星座。猎户座分布于天球赤道的两侧，全世界的人几乎都能看到这个星座。数千年以来，在不同的文明中都有猎户座的位置，它在《圣经》中出现了3次，还曾出现在《伊利亚特》《奥德赛》等经典作品中。对于现代观星者来说，猎户座是一处理想的参考点：全天最亮的25颗恒星中有3颗就在猎户座，这些亮星组成的人形图案很容易看到。猎户的腰带有3颗星，亮度都在2等左右。他高举的一只手挥舞着棍棒，另一只手里拿着一面盾牌或是一张狮子皮。

亮星

　　即使身处灯火通明的城市中，你也可以通过猎户座的主要恒星辨别方位。参宿四是猎户座中的 α 星，位于猎人

✦ 猎户座的有趣天体

猎户座中，有一把由3颗星构成的佩剑挂在猎人腰带上，在佩剑的中间是银河系中一处剧烈的恒星形成区——猎户大星云M42。M42用肉眼就能看到，像一朵薄云。通过大型望远镜可以发现，这片距离地球1300光年的尘埃云中正发生着剧烈的恒星形成过程。星云中央4颗新诞生的恒星就是猎户座四边形天体。

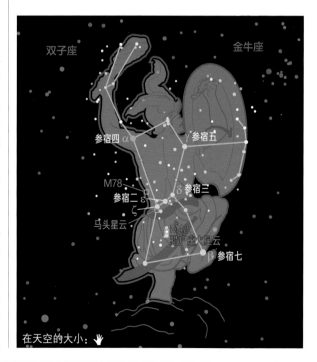

双子座
金牛座
参宿四 α
参宿五
M78
参宿三
参宿二 δ
ε
马头星云
ζ
M42
猎户座大星云
β 参宿七

在天空的大小：

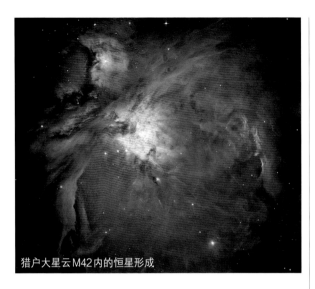

猎户大星云M42内的恒星形成

延伸阅读

如果把太阳换成参宿四，它的边缘可以延伸到木星轨道。这颗超巨星年龄只有800～850万年，但它的生命已濒临结束，在接下来的100万年，随时都有可能爆炸成一颗超新星。

主要恒星

β | 参宿七
颜色：蓝色
星等：0.13
距离地球 864 光年

α | 参宿四
颜色：红色
星等：0.5
距离地球 642 光年

γ | 参宿五
颜色：蓝白色
星等：1.6
距离地球 240 光年

ε | 参宿二
颜色：蓝色
星等：1.7
距离地球 1 980 光年

δ | 参宿三
颜色：蓝色
星等：2.2
距离地球 1 240 光年

的肩膀处。这颗巨大的变星在有规律地收缩和膨胀，它的直径是太阳的887～955倍。猎人的脚边是一颗蓝白色的超巨星——参宿七，比太阳亮13万倍。

神话传说

猎人高举棍棒的形象非常显眼，所以世界上很多文明在星座划分时都选择了类似的划分方法。叙利亚的天文学家称之为巨人，古埃及人则认为它是冥王奥利西斯的化身。在大洋彼岸，新墨西哥州的原住民则认为猎户座代表的是他们神话传说中的一位英雄。

在古希腊罗马神话中，猎户座代表的俄里翁也有一些相关的传说。在一个传说中，俄里翁是一位非常厉害的猎人，他死于天蝎座蝎子的毒刺。这就是猎人抬起脚的原因，也是猎户座和天蝎座天各一方、永不相见的缘由。在另一个传说中，俄里翁是阿波罗姐姐、狩猎之神阿尔忒弥斯的爱慕对象，她选择俄里翁作为她的狩猎伙伴并将之升到天空中成为猎户座。

金牛座

组成：13 颗恒星
最佳观测时间：
1月/2月
位置：星图西南部
深空天体：
昴星团M45、蟹状星
云M1

　　金牛座是北半球冬季星空的一个黄道星座。从猎户座的腰带出发，可以轻松找到金牛座红色的眼睛——毕宿五，从而确定金牛座的位置。昴星团M45位于毕宿五的东北部，正好在金牛座的肩膀位置，距离地球410光年。昴星团是最容易找到的深空天体之一，沿着参宿四和毕宿五的连线继续延伸，就可以看到它。昴星团中有7颗肉眼可见的亮星，因此也被称为七姐妹星团，很多神话都是围绕这7颗星展开的。在美洲原住民的神话故事中，她们是迷路的七姐妹，她们在天空中就是为了提醒孩子们不要离家太远。通过双筒望远镜，可以看到星团中有超过500颗的恒星。

　　金牛座中另一个有趣的天体是毕星团。毕星团是一个

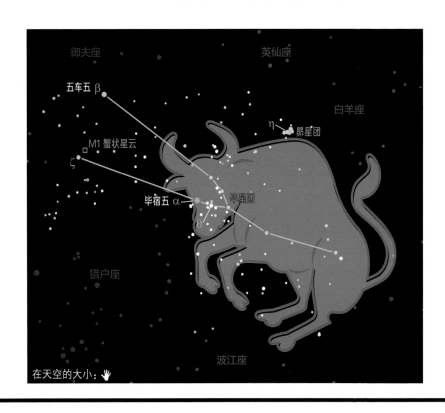

御夫座　　　　　　　　　英仙座

五车五 β

白羊座

η
昴星团

M1 蟹状星云
ζ

毕星团

毕宿五 α
θ

猎户座

波江座

在天空的大小：

1758年，对蟹状星云的观测促使梅西耶开始编制深空天体目录，并记录蟹状星云为M1。1054年，产生蟹状星云的那次超新星爆发被很多地方记录到，在中国古代文献和美洲西南部的洞穴壁画中都有对应记录。这颗6 500光年外的超新星在爆发之初非常明亮，据说白天都能看到，并持续了几乎1个月，在夜间肉眼可见的状态持续了近2年。现在通过天文望远镜观看蟹状星云，能看到一片薄薄灰色云气。

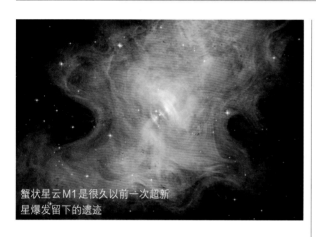

蟹状星云M1是很久以前一次超新星爆发留下的遗迹

主要恒星
α｜毕宿五
颜色: 橙色
星等: 1.0
距离地球65.3光年
β｜五车五
颜色: 蓝白色
星等: 1.7
距离地球150光年
η｜昴宿六
颜色: 蓝白色
星等: 2.9
距离地球440光年
ζ｜天关
颜色: 蓝白色
星等: 3.0
距离地球440光年
θ｜毕宿六
颜色: 橙黄色
星等: 3.4
距离地球149光年

近球状的疏散星团，距离地球只有150光年，是最近的星团之一。在没有月亮的夜晚，肉眼就可以看到约12颗毕星团中的亮星，使用双筒望远镜则可以在毕星团中找到数百颗恒星。

神话传说

很多的神话传说都与金牛座有关。在古埃及神话中，这头公牛是掌管生命与丰饶的神。在希腊神话中，这头牛是宙斯的化身之一，目的是接近并带走腓尼基公主欧罗巴，他们穿越大海来到了一片全新的大陆，并用欧罗巴的名字给这片大陆命名，也就是现在的欧洲。在其他的传说中，金牛座是摩西聆听十诫时，他的追随者制造的那头金牛犊。

白羊座

组成：4 颗恒星
最佳观测时间：
12月
位置：星图西南部
深空天体：双星娄宿
二（白羊座 γ）

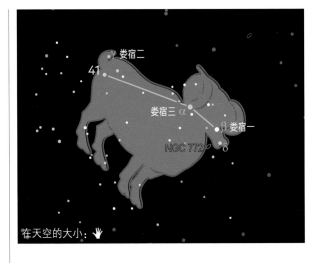

在天空的大小：

古代天文学家在研究黄道时发现，春分时太阳会进入白羊座，这意味着，一年中太阳从天球南部移动到天球北部的那一天，会在白羊座所在范围内移动。受岁差的影响，春分点所在星座已经发生了变化，但传统上还是以白羊座为黄道的起始。在初冬的夜晚，白羊座高挂在东边天空，位于秋季四边形和金牛座昴星团之间。娄宿二（白羊座 γ）是一个双星系统，其中的两颗星星相距约8角秒。

神话传说

尽管白羊座只有4颗恒星，但一致被认为是一只公羊。在希腊神话中，长着金羊毛的白羊艾瑞斯被派去拯救遭受继母虐待的王子。白羊返回后，国王将白羊献祭给天神，留下的金羊毛交给一头龙看守着，最后被伊阿宋偷走。

星系 NGC 772 有一条
非常突出的旋臂

仙王座

组成：10 颗恒星
最佳观测时间：
9 月 / 10 月
位置：星图中部
深空天体：
变星造父一（仙王座 δ）

仙王座是一个拱极星座，北半球全年可见。5 颗恒星组成了仙王的身体，形状看起来像一间小房子，房子的尖顶朝向北极星。少卫增八，也就是仙王座 γ，距离地球 45 光年，是一个双星系统，并且有一颗行星环绕。这颗行星被称为泰德穆尔，是木星的 1.59 倍大，它向科学家证明了，双星系统中也可以诞生行星。泰德穆尔也是第一颗通过公众提名的方式选定名字的地外行星。另一颗恒星仙王座 μ，因其石榴石一般的红色，也被称为石榴石星，它距离地球 5 261 光年，光变周期很不稳定。

神话传说

仙王座的名字来自古希腊罗马神话中埃塞俄比亚的国王克甫斯，在珀尔修斯（即英仙座）和安德洛墨达（即仙女座）的故事中，是个不幸的家伙。克甫斯的王后不断炫耀自己的女儿安德洛墨达比海神的女儿更美，惹怒了海神波塞冬。波塞冬盛怒之下释放海怪，要毁灭埃塞俄比亚。神谕指示克甫斯，只有献上安德洛墨达才能平息神的愤怒。

✦ 仙王座的有趣天体

造父一，也就是仙王座 δ，距离地球 891 光年，是造父变星的原型。造父一的亮度以 5.5 天为周期，从 3.51 等到 4.34 等进行周期性的变化，落差大约为 1 等。造父变星的光变周期越长，亮度就越亮。所以，天文学家可以通过造父变星的周期，估算它实际的亮度，再和观测到的亮度做比较，从而计算出这颗恒星的距离。

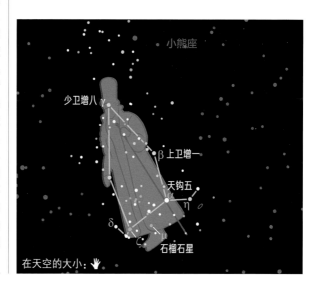

双子座

组成：13 颗恒星
最佳观测时间：
2月/3月
位置：星图东南部
深空天体：
星团M35

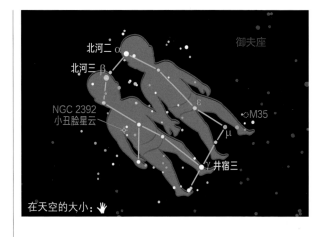

（图中标注：北河二 α、北河三 β、御夫座、NGC 2392 小丑脸星云、M35、δ、μ、γ 井宿三、在天空的大小：）

双子座的有趣天体

M35 是一个疏散星团，位于双子座足部三星附近。星团中有数百颗年龄约1亿年的年轻恒星。M35距离地球2 800光年，横跨约20光年，从地球上看去，M35的大小和满月相当。这个星团肉眼可见，使用双筒望远镜或天文望远镜观测效果更佳。

冬季末，观星者可以看到由双胞胎兄弟卡斯托尔（北河二）和波吕克斯（北河三）组成的双子座高挂夜空。双子座的脚位于参宿四的东北边，参宿四则位于猎户座举起那只手的肩膀处。双子座的头部由2颗巨星组成，分别是距地球50光年的北河二与距地球34光年的北河三。两颗星中稍暗的一颗是北河二，北河二看起来是一颗双星，但实际上是一个六星系统，通过天文望远镜可以看到其中的3颗星。北河三是夜空中第17亮的恒星，比太阳大9倍。

双子座流星雨是每年最值得期待的流星雨之一，极大期一般为12月13日或14日，12月的双子座，傍晚时从东方升起，流星每小时出现率60～120颗不等，和夜空条件有一定关系。

神话传说

在希腊神话中，双子座的 α 星和 β 星是以宙斯和斯巴达王后勒达所生的双胞胎命名。但在其他的神话传说里，这对双胞胎只是同母异父的兄弟。他们和伊阿宋一起，乘坐"阿尔戈号"去偷金羊毛，故事里他们还有一个叫海伦的妹妹，她的美貌引发了特洛伊战争。

大犬座

组成：8颗恒星

最佳观测时间：
1月／2月

位置：星图东南部

深空天体：
小蜂巢星团 M41

　　大犬座位于猎户座正东方，在银河附近。这个星座很容易就能找到，因为它的最亮星天狼星是夜空中最明亮的恒星。天狼星视星等为 -1.5 等，距离地球只有 8.6 光年。天狼星有一颗白矮星伴星，但很难观测，即使使用 254 毫米口径的望远镜都很难看清。天狼星位于大犬座的北边，南半球的观星者可以通过猎户座腰带来定位它，沿腰带向东南方向延伸，看到的亮星就是天狼星。

　　大犬座中有几个星团和星云被梅西耶星表和星云星团新总表收录。其中最亮的是疏散星团 M41，也被称为小蜂巢星团，距离地球 2 300 光年，从天狼星向南 5 度可以找到它。观测者通过双筒望远镜就可以轻松找到，若换成天文望远镜，看到的景象将更加精彩，可以看到数颗橙色的恒星聚集在一起。

神话故事

　　大犬座被认为是猎户座的猎犬中偏大的那一条。在北半球夏末，天狼星几乎和太阳一起升起，人们相信正是因为天狼星提供了额外的光和热，才会出现酷暑天。

小蜂巢星团 M41

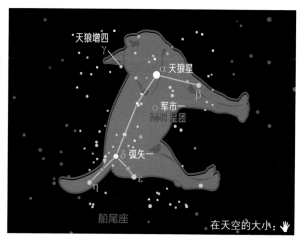

天狼增四
γ
α 天狼星
β
军市一
M41 星团
弧矢一
η
δ ε
船尾座
在天空的大小：

小犬座

组成：2颗恒星
最佳观测时间：
1月/2月
位置：星图东南部
深空天体：无

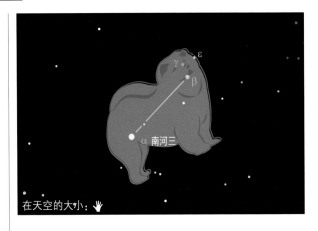

在天空的大小：

小犬座是猎户座的另一条猎犬，位于大犬座的东北方。小犬座正如其名，是一个面积较小的星座，没有大犬座那么醒目。观星者需要充分发挥想象力才能从这几颗星星中看出猎犬的样子，顺着小犬座恒星连线的角度看来，它就像一只抬头看着邻居双子座的猎犬。小犬座夹在巨蟹座和麒麟座之间。

对于观星新手来说，寻找小犬座是一个挑战。小犬座中亮度超过3等的恒星只有两颗，深空天体的亮度暗于15等。小犬座中最亮的恒星——南河三，是夜晚全天第八亮恒星。这颗深黄色的恒星距离地球只有11.4光年，和天狼星一样，也有一颗白矮星伴星。这颗伴星比南河三暗了1.5万倍，很难观测。

神话故事

除了被认为是猎户座的其中一条猎犬，在别的神话故事中，小犬座还有其他身份。一些传说中认为，小犬座是一条趴在桌子下，等待双子座双胞胎卡斯托尔和波吕克斯喂食的小狗。在其他的传说中，小犬座是特洛伊海伦的宠物狗，并帮助海伦与特洛伊王子帕里斯私奔。

延伸阅读

另外的星空地标：冬季大三角由小犬座的南河三、猎户座的参宿四和大犬座的天狼星组成。与这组亮星对应的是由河鼓二、织女一和天津四组成的夏季大三角。

波江座

组成：33 颗恒星
最佳观测时间：
12月 / 1月
位置：星图西南部
深空天体：
旋涡星系 NGC 1300

这个蜿蜒曲折的星座起源于猎户座足部靠西的位置，北半球的观星者从星座的源头看去，可以看到波江座宛如瀑布般挂在地平线以上。波江座最亮的恒星是水委一，位于星座的最南端，北纬超过20度的地区无法看到这颗星。波江座是全天第六大星座，水委一是全天第九亮恒星。水委一距地球140光年，是一颗蓝色恒星，表面温度非常高，其亮度超过太阳亮度的3 150倍。这颗恒星自转非常快，以至于它呈扁球形，也被认为是银河系中最扁的恒星。

天苑四（波江座 ε）位于波江座北部湾附近，距离地球10.5光年，用肉眼就可以看到。天苑四和太阳很像，可能存在于天苑四附近的行星也是我们探索系外生命的热点。

麒麟座

组成：8 颗恒星
最佳观测时间：
1月 / 2月
位置：星图东南部
深空天体：
玫瑰星云 NGC 2244

为了填补星空中的空缺，德国天文学家雅各布·巴尔奇于1624年建议设立了麒麟座。麒麟座中的星星都比较暗淡，填补了小犬座南河三、猎户座参宿四和大犬座天狼星这三颗亮星之间的空隙。

恒星和其他天体

虽然麒麟座的恒星都比较暗淡，内部没有超过3.7等的恒星，但通过银河与附近的亮星来定位，比较容易找到麒麟座。麒麟座中靠近参宿四的两颗恒星是麒麟的头。疏散星团M50距离地球约6 000万光年，也被称为心状星团，在双筒望远镜中隐约可见，使用天文望远镜观测可以看到更多细节。疏散星团 NGC 2244 中有大量恒星形成，其形状像一朵盛开的玫瑰。

船尾座

组成：12 颗恒星

最佳观测时间：
2月/3月

位置：星图东南部

深空天体：
疏散星团M47

这个南天星座是另一个飘浮在天上水天区的星座，这片天区包括波江座、双鱼座、宝瓶座，以及被拆分成3部分的南船座。传说中，伊阿宋和阿尔戈就是乘坐"阿戈尔号"（南船座）去偷取金羊毛。南船座的帆现在是船帆座，龙骨是船底座，而罗盘座是那只过时的指南针。

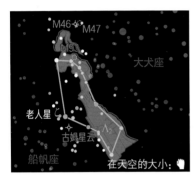

恒星和其他天体

船尾座中没有明亮的恒星，但有两个疏散星团。在观测条件较好的暗夜环境中，用肉眼就能看到M47。它包含约50颗恒星，看起来是一个朦胧的光斑。使用双筒望远镜观测时，你会惊奇地发现另一个疏散星团——M46。它到地球的距离超过5 000光年，亮度比它的邻居暗一些。

天兔座

组成：11 颗恒星

最佳观测时间：
1月/2月

位置：星图东南部

深空天体：
变星欣德深红星

天兔座的头部位于猎户座脚边蓝色亮星参宿七的正下方，按方位来找这个小星座更容易一些。天兔座中最亮的恒星——厕一的视星等为2.6等。欣德深红星是一颗深红色的变星，它在14个月的周期内，亮度会在5.5～11.7等变化。这颗星最亮时，用双筒望远镜很容易就找到。球状星团M79距离地球4.2万光年，使用天文望远镜可以找到。天文学家认为在数百万年以前，这个星团是受银河系的引力影响，从附近的矮星系中撕裂而出形成的。

神话传说

古埃及人认为天兔座是死神奥里西斯的船，但更为人所接受的说法是天兔座是猎户座与他的猎犬——大犬座和小犬座所追逐的猎物。

天鸽座

组成：8 颗恒星
最佳观测时间：
1月 / 2月
位置：星图东南部
深空天体：
球状星团 NGC 1851

天鸽座是一个现代星座，在 17 世纪时，由荷兰的神学家兼制图师彼得勒斯·普朗修斯为了填补星座间的空隙而增设的。

天鸽座的原型是诺亚方舟上负责侦查的那只鸽子。丈人一（天鸽座 α）的星等为 2.6 等，距离地球约 261 光年。天鸽座位于大犬座的最亮恒星天狼星的南边，星座中央一颗中等亮度恒星延伸出 3 条明显的旋臂。天鸽座附近有不少更亮的天体，与之相比，天鸽座就显得暗淡一些。NGC 1851 是一个亮度 7 等的球状星团，距离地球 9 200 光年，使用双筒望远镜可以看到一个朦胧的斑点。

天猫座

组成：7 颗恒星
最佳观测时间：
2月 / 3月
位置：星图东北部
深空天体：漫游者星
团 NGC 2419

天猫座非常暗淡。据说只有拥有与山猫一样敏锐视力的人才能看到这个星座，因此也被称为山猫座。

恒星和其他天体

天猫座唯一的深空天体 NGC 2419 有一个有趣的名称——漫游者星团。它是一个球状星团，坐落在 27.4 万光年外，距离超过了银河系的卫星星系。将来，它可能还会脱离银河系的引力束缚，漫游到更广袤的空间中。NGC 2419 离得太远，要想看到它，必须使用口径超过 254 毫米的望远镜，在良好的观测条件下才能看见，即便这样，看到的也只是一团模糊的斑点。虽然这个星团位于天猫座的疆界内，但看起来离北河二更近一些。

南半球的星空

天空中一些靓丽的景色只能在南半球看到。在南纬50度到南极点之间,你可以看到壮丽的星团、星系、星云和亮星。澳大利亚的空气干燥洁净,暗夜环境良好,是一个非常不错的观星地。4月和5月正是澳大利亚的秋天,此时恒星云集的银河中心高挂头顶。银河之下,就是南半球星空的胜景。

南十字座

南十字座个头不大,但很显眼,是南天星空中的地标,澳大利亚国旗上的星座就是南十字座。最好从北纬20度以南的地区观看南十字座。南十字座被半人马座包裹着,在它的T形图案上有几颗亮星:十字架二(南十字座 α)是一颗双星,位于十字的底部;十字架一(南十字座 γ)也是一颗双星,位于十字的北端;十字架三(南十字座 β)位于十字的左臂。十字架三下面是绚丽的宝盒星团,这是一个亮度为4.2等的疏散星团,它包围着亮橙色的南十字座 κ。使用双筒望远镜,你可以看到这个距离地球6 400光年远的星团闪耀着彩色的光芒。煤袋星云位于十字架二的东边,犹如十字内一块显眼的暗斑。它由致密的气体和尘埃云组成,内部隐藏了众多的恒星。

位于帕拉纳尔天文台的甚大望远镜阵中的4台辅助望远镜,口径1.8米,它们可以单独观测,也可以协同观测

在城市里也可以看见南十字座中的亮星

半人马座

　　这个巨大的星座被认为是赫拉克勒斯的老师——半人马喀戎。半人马座位于长蛇座的南边，有大量值得关注的天体。最亮的南门二（半人马座α）是一个由3颗恒星组成的三星系统。南门二A和南门二B是距离太阳最近的双星，相距只有4.3光年。南门二的第三个成员是比邻星，只能通过望远镜才能看到，它是距离太阳最近的恒星，只有4.2光年。半人马座还有全天第五亮的半人马座A，以及全天最大最亮的球状星团——半人马座ω球状星团（NGC 5139）。NGC 5139中有超过1千万颗恒星，它的视星等可达+3.9等，在天空中和月亮差不多大小，用肉眼轻松可见。最佳观看时间在4月和9月之间。

大麦哲伦星云和小麦哲伦星云

　　这两个微微发光的云雾状天体是绕着银河系运动的不规则矮星系。大麦哲伦星云位于山案座和剑鱼座两个星座的边界之间，离南天极不远，距离地球15.5万~16.5万光年。小麦哲伦星云位于杜鹃座与水蛇座之间，距离地球约20万光年。它们比仙女星系更靠近地球。

半人马座A

肉眼行星的观测

　　肉眼行星是指那些不用双筒望远镜或单筒望远镜就能看到的行星。下列表格中列出了肉眼行星一年中的位置。除水星外，肉眼行星每年的某个时刻总会在一些星座出现，并持续几个月。行星在冲时离地球最近，亮度更高，是研究行星细节或拍照的最佳时机。

水星

　　一年中只有几次机会可以观测水星，这时候水星会在傍晚时出现在西方地平线附近或黎明时出现在东方地平线附近。

年份	昏星　西方	辰星　东方
2024	3月24日，7月22日，11月16日	1月12日，5月9日，9月5日，12月25日
2025	3月8日，7月4日，10月29日	4月21日，8月19日，12月7日
2026	2月19日，6月15日，10月12日	4月3日，8月2日，12月20日
2027	2月3日，5月28日，9月24日	3月17日，7月15日，12月4日
2028	1月17日，5月9日，9月6日，12月31日	2月27日，6月26日，10月17日
2029	4月21日，8月19日，12月14日	2月9日，6月8日，10月1日
2030	4月4日，8月2日，11月26日	1月22日，5月21日，9月15日

水星凌日

日期	世界时*	最小日心距*
2032年11月13日	8:54	572"
2039年11月7日	8:46	822"
2049年5月7日	14:24	512"

金星凌日

日期	世界时*	最小日心距
2117年12月11日	2:48	724"

---

*北京时间＝世界时＋8。

*最小日心距：水星到太阳中心的最小距离（角秒）。凌日预报由美国国家航空航天局戈达德宇宙飞行中心提供。

金星

黑体字表示金星出现在离地平线最高的位置。
斜体字表示金星因离太阳太近而不可见。

	1月	2月	3月	4月	5月	6月	7月	8月	9月	10月	11月	12月
2024	天蝎座	人马座	摩羯座	双鱼座	白羊座	金牛座	双子座	狮子座	室女座	天秤座	蛇夫座	人马座
2025	**宝瓶座**	双鱼座	双鱼座	双鱼座	**双鱼座**	双鱼座	金牛座	双子座	巨蟹座	狮子座	室女座	天秤座
2026	人马座	*摩羯座*	宝瓶座	白羊座	金牛座	双子座	狮子座	室女座	室女座	室女座	室女座	室女座
2027	**天秤座**	人马座	摩羯座	宝瓶座	双鱼座	白羊座	金牛座	巨蟹座	狮子座	室女座	天蝎座	人马座
2028	摩羯座	宝瓶座	**双鱼座**	金牛座	金牛座	金牛座	金牛座	**金牛座**	双子座	狮子座	室女座	天秤座
2029	蛇夫座	摩羯座	宝瓶座	双鱼座	白羊座	金牛座	巨蟹座	狮子座	室女座	**天秤座**	蛇夫座	人马座
2030	人马座	人马座	**人马座**	摩羯座	双鱼座	白羊座	金牛座	双子座	狮子座	室女座	*天秤座*	蛇夫座

火星

加粗字表示火星在冲的位置。

	1月	2月	3月	4月	5月	6月	7月	8月	9月	10月	11月	12月
2024	人马座	人马座	摩羯座	宝瓶座	双鱼座	双鱼座	白羊座	金牛座	金牛座	双子座	巨蟹座	巨蟹座
2025	**巨蟹座**	双子座	双子座	双子座	巨蟹座	狮子座	狮子座	室女座	室女座	室女座	天秤座	蛇夫座
2026	人马座	摩羯座	宝瓶座	宝瓶座	双鱼座	白羊座	金牛座	金牛座	双子座	巨蟹座	狮子座	狮子座
2027	狮子座	**狮子座**	狮子座	狮子座	狮子座	狮子座	狮子座	室女座	室女座	天秤座	蛇夫座	人马座
2028	人马座	摩羯座	宝瓶座	双鱼座	白羊座	金牛座	金牛座	双子座	巨蟹座	巨蟹座	狮子座	狮子座
2029	室女座	室女座	室女座	室女座	室女座	室女座	室女座	天秤座	天蝎座	人马座	人马座	人马座
2030	摩羯座	宝瓶座	双鱼座	双鱼座	白羊座	金牛座	金牛座	双子座	巨蟹座	狮子座	狮子座	室女座

木星

加粗字表示木星在冲的位置。

	1月	2月	3月	4月	5月	6月	7月	8月	9月	10月	11月	12月
2024	白羊座	白羊座	白羊座	白羊座	金牛座	金牛座	金牛座	金牛座	金牛座	金牛座	金牛座	**金牛座**
2025	金牛座	金牛座	金牛座	金牛座	金牛座	双子座	双子座	双子座	双子座	双子座	双子座	双子座
2026	**双子座**	双子座	双子座	双子座	双子座	双子座	巨蟹座	巨蟹座	巨蟹座	狮子座	狮子座	狮子座
2027	狮子座	**狮子座**	狮子座	巨蟹座	巨蟹座	狮子座	狮子座	狮子座	狮子座	狮子座	狮子座	室女座

	1月	2月	3月	4月	5月	6月	7月	8月	9月	10月	11月	12月
2028	室女座	室女座	**室女座**	狮子座	狮子座	狮子座	狮子座	室女座	室女座	室女座	室女座	室女座
2029	室女座	室女座	室女座	**室女座**	室女座	室女座	室女座	室女座	室女座	室女座	天秤座	天秤座
2030	天秤座	天秤座	天秤座	天秤座	**天秤座**	天秤座	天秤座	天秤座	天秤座	天秤座	天秤座	蛇夫座

土星

加粗字表示土星在冲的位置。

	1月	2月	3月	4月	5月	6月	7月	8月	9月	10月	11月	12月
2024	宝瓶座	宝瓶座	宝瓶座	宝瓶座	宝瓶座	宝瓶座	宝瓶座	宝瓶座	**宝瓶座**	宝瓶座	宝瓶座	宝瓶座
2025	宝瓶座	宝瓶座	宝瓶座	宝瓶座	双鱼座	双鱼座	双鱼座	双鱼座	**双鱼座**	宝瓶座	宝瓶座	宝瓶座
2026	宝瓶座	双鱼座	双鱼座	双鱼座	鲸鱼座	鲸鱼座	双鱼座	双鱼座	双鱼座	**鲸鱼座**	鲸鱼座	鲸鱼座
2027	鲸鱼座	鲸鱼座	双鱼座	双鱼座	双鱼座	双鱼座	双鱼座	双鱼座	双鱼座	**双鱼座**	双鱼座	双鱼座
2028	双鱼座	双鱼座	双鱼座	双鱼座	双鱼座	白羊座	白羊座	白羊座	白羊座	**白羊座**	白羊座	白羊座
2029	白羊座	白羊座	白羊座	白羊座	白羊座	白羊座	白羊座	金牛座	金牛座	金牛座	**白羊座**	白羊座
2030	白羊座	白羊座	白羊座	白羊座	金牛座	金牛座	金牛座	金牛座	金牛座	金牛座	**金牛座**	金牛座

流星雨

流星雨极大期可能会变化，因此请查阅相关资源获取确切的最佳观测时间。

流星群	所在星座	活动日期	极大期
象限仪流星群	天龙座	1月1—5日	1月3日
宝瓶伊塔流星群	宝瓶座	4月19日—5月28日	5月5/6日
英仙流星群	英仙座	7月20日—8月20日	8月12/13日
猎户流星群	猎户座	10月16—27日	10月20/21日
狮子流星群	狮子座	11月14—21日	11月16/17日
双子流星群	双子座	12月4—17日	12月12/13日

二至日和二分日

春分	3月20/21日	秋分	9月22/23日
夏至	6月20/21日	冬至	12月21/22日

日食和月食

日月食的发生时段因具体观测地略有不同。所有的日食和月食数据来自美国国家航天航空局网站。

日全食

年份	日期	可见地区和国家
2024	4月8日	美国、墨西哥
2026	8月12日	西班牙、北极、格陵兰、冰岛
2027	8月2日	非洲、欧洲、西亚
2028	1月26日	南美洲、欧洲
2028	7月22日	大洋洲
2030	6月1日	欧洲、亚洲
2030	11月25日	非洲、大洋洲
2031	5月21日	非洲、东南亚

中国可见的日食

年份	日期	类型	可见地区和国家
2030	6月1日	日全食	欧洲、亚洲、非洲北部、北极
2032	11月3日	日偏食	亚洲
2034	3月20日	日全食	非洲、亚洲、欧洲
2035	9月2日	日全食	亚洲东部、太平洋

中国可见的月食

年份	日期	类型	可见地区和国家
2025	9月7日	月全食	欧洲、亚洲、大洋洲、非洲
2026	3月3日	月全食	亚洲东部、大洋洲、北美洲、南美洲
2027	2月21日	半影月食	亚洲、欧洲、非洲、北美洲、南美洲
2027	7月18日	半影月食	亚洲、非洲东部、大洋洲、太平洋
2028	7月6日	月偏食	亚洲、大洋洲、非洲、欧洲
2029	1月1日	月全食	亚洲、大洋洲、非洲、欧洲、太平洋
2029	12月21日	月全食	亚洲、欧洲、非洲、北美洲、南美洲
2030	6月15日	月偏食	亚洲、欧洲、非洲、大洋洲
2030	12月9日	半影月食	亚洲、欧洲、非洲、北美洲、南美洲

常见星座索引

　　本页列出了夜空中最引人注目的那些星座，是根据大小、可见度和辨认的难易程度来选择的。下图中的方向不代表其在天空中的方向。